# 草原雪灾
# 监测与评估技术

◎ 萨楚拉　刘桂香 ／ 著

U0321938

中国农业科学技术出版社

**图书在版编目（CIP）数据**

草原雪灾监测与评估技术／萨楚拉，刘桂香著．—北京：中国农业科学技术出版社，2017.10

ISBN 978-7-5116-3022-3

Ⅰ.①草… Ⅱ.①萨… ②刘… Ⅲ.①草原–牧区–积雪–监测–内蒙古 ②草原–牧区–雪害–突发事件–公共管理–内蒙古 Ⅳ.①P426.616

中国版本图书馆 CIP 数据核字（2017）第 060182 号

责 任 编 辑　李冠桥　　刘慧娟
责 任 校 对　贾海霞

出 版 者　中国农业科学技术出版社
　　　　　　北京市中关村南大街 12 号　邮编：100081
电　　话　（010）82109705（编辑室）　　（010）82109704（发行部）
　　　　　　（010）82109709（读者服务部）
传　　真　（010）82106625
网　　址　http://www.castp.cn
经 销 者　各地新华书店
印 刷 者　北京科信印刷有限公司
开　　本　710mm×1000mm　1/16
印　　张　11.5
字　　数　202 千字
版　　次　2017 年 10 月第 1 版　2017 年 10 月第 1 次印刷
定　　价　99.00 元

资助项目

1. 中国农业科学院科技创新工程"草原非生物灾害防灾减灾团队"（CAAS-ASTIP-2016-IGR-04）

2. 内蒙古科技计划项目 （201502095）

3. 内蒙古自然科学基金项目 （2016MS0409）

# 作者简介

萨楚拉（1977—），男（蒙古族），内蒙古通辽市人，副教授，博士，从事遥感与地理信息系统应用方面的教学和研究。

主要成果：

第一作者发表的核心期刊论文20余篇，其中EI收录2篇，ISTP收录3篇。参编专著3部。

主持内蒙古自然基金、内蒙古科技计划项目和内蒙古厅局级基金项目等9项，参加国家自然基金项目2项、参加"十二五"国家科技支撑计划项目1项。

获内蒙古自治区建设厅、内蒙古自治区城市规划协会组织的内蒙古自治区2007年度优秀城市规划编制二等奖1项。获得内蒙古师范大学奖项3项。

刘桂香，女，研究员，博士，博士生导师，农业部具有突出贡献中青年专家。中国农业科学院草原研究所草地资源与灾害研究室主任，农业部农业遥感应用中心呼和浩特分中心主任。中国农业科学院科技创新工程"草原非生物灾害防灾减灾团队"首席专家。中国遥感协会理事，中国草学会草原火专业委员会常务理事及副会长。长期从事草原生态环境监测评价和草原非生物灾害监测评估研究，先后主持和参加国家级、省部级及其他各类研究项目近40项，在我国草地生态监测评价和草原非生物灾害监测预警研究中获得了丰硕的研究成果。

# 内容简介

本书以内蒙古自治区草原牧区雪灾为研究对象，利用遥感、地理信息系统、全球定位技术、数学模型等方法，结合野外实地调查、社会经济数据统计分析等综合方法，进行了研究区积雪时空动态监测及其气候响应，建立了基于风云 3B 微波遥感数据的雪深反演模型，提出了内蒙古草原牧区雪灾快速监测评估方法，进行了实证雪灾风险评价，研发了雪灾监测与风险评价辅助决策系统。

本书可供草原、生态、畜牧及灾害评估等相关领域的科研、教学及管理人员参考。

# 前　言

近年来，在世界范围内，自然灾害频发，灾情严重，已引起全世界对灾害影响人类文明进程的重新认识，即不论经济发达到何种程度，我们都无法避免来自本地或异地的灾害对人类发展造成的影响。因此，研究灾害监测预警方法、揭示灾害形成机理、探讨灾害风险机制和风险管理对策及应急反应体系已成为制定社会经济可持续发展模式的重要科学基础。

我国是草原资源大国，草原是我国陆地生态系统中的重要组成部分，同时我国又是一个生态环境比较脆弱的国家，而草原生态系统是各类生态系统中最脆弱的开放系统，极易遭受各种自然灾害和人为灾害的侵袭和破坏，特别是随着人类活动的增强和全球变化的影响，草原灾害事件发生的越来越频繁、生态环境恶化现象越来越严重。联合国政府间气候专门委员会（IPCC）2007年，第四次研究报告表明，气候变暖使全球自然灾害爆发的频率呈现增加态势，人类遭受自然灾害风险的潜在概率进一步加大。

季节性积雪对水文过程和气候具有重要的作用，积雪覆盖面积是水文学和气候学研究的必要参数之一。积雪覆盖面积的动态变化状况对水体和能量循环以及社会经济和生态环境均具有重大的影响。然而，冬春季降雪是影响草原牧区畜牧业发展的重要因子，过量而长期的降雪会掩埋牧草，造成牲畜无法啃食，使牲畜面临冻死、饿死的威胁，便形成雪灾。雪灾是世界上面临的十大灾害之一，雪灾对国民经济的影响和人民群众生命财产安全的影响是巨大的，特别是畜牧业为主题经济的草原牧区。2010年1月初、12月22日、27日内蒙古自治区发生特大雪灾三起，全年受灾人口累计达45.28万，受灾畜生累计达424.7万头（只），直接经济损失达8.01亿元。

我国牧区雪灾主要发生在内蒙古草原、西北地区及青藏高原部分地区，也是雪灾极为活跃的地区。草原雪灾发生的原因复杂，涉及气象因子（积雪深度、积雪范围、积雪日数、积雪密度、风速、降雪量和气温）、地形条件（阴坡、阳坡、凹地、高地等）和草场状况（牧草长势、草群高度、草群密度和盖度）组成的自然因素系统与畜群结构（大小牲畜的数量、比例等）、冬储草料、棚圈化率、冬春季草场配置状况和交通、通讯状况等社会经济因素系统两大类因素。因此其发生具有一定的随机性和不确定性。长期以来，我国对于草原雪灾缺乏系统性和规范性研究，这也是我国畜牧业生产波状起伏，无法稳定发展的主要原因。针对这一问题，中国农业科学院草原研究所联合东北师范大学、内蒙古师范大学、国家气象局及农业部草原监理中心等多家单位，对我国草原雪灾研究中存在的问题进行了系统研究。

　　本书系统地论述我国草原牧区雪灾研究现状及发展趋势；进行了近35年内蒙古积雪时空动态监测及其气候响应，建立了基于风云3B微波遥感数据的雪深反演模型，提出了内蒙古草原牧区雪灾快速监测评估方法，进行了实证雪灾风险评价，研发了雪灾监测与风险评价辅助决策系统。

作　者
2017 年 8 月

# 目　　录

# 第一章 草原雪灾概述

## 第一节 草原雪灾概论

### 一、研究意义与目的

积雪是地球表层的重要组成部分，大尺度而言，积雪动态变化影响能量与地球表面辐射平衡交换、气候变化、水资源利用等；局域尺度而言，积雪动态变化是影响气候变化、天气、冰雪灾害、环境、工农业和生活用水资源等一系列与人类活动有关的要素（王建，1999）。另外，积雪融水也是草原干旱、半干旱区域生态系统的重要水资源，与农业和畜牧业有着密切的关系（王玮，2014；Pumainen，2006；王澄海等，2009），同时积雪面积、持续时间、积雪深度、初雪日期和终雪日期、雪水当量和积雪反射率等积雪参数是生态水文模型以及全球数值天气预报模型的重要输入参数（王玮，2014；高荣等，2004）。因此，开展监测积雪时空动态的研究具有重要意义。

第四次联合国政府间气候专门委员会（IPCC）研究报告揭示，气候变暖导致全球自然灾害发生的概率呈现增加趋势，人类遭受各种自然灾害风险的概率进一步加大（刘佩，2012）。雪灾是世界上面临的重要气象灾害之一，雪灾对国民经济的影响和人民群众生命财产安全的影响是巨大的，特别是畜牧业为主题经济的草原牧区。我国的内蒙古自治区（全书简称内蒙古）是欧亚大陆温带草原的主要组成部分，生态环境多样且较脆弱，也是雪灾极为活跃的地区。农牧业是内蒙古的主要经济基础，牲畜和草地资源是其最基本的生活依靠及生产资料，如发生雪灾，食料短缺，草场封闭，交通中断，牧民和家畜陷入绝境，经济损失惨重，严重制约草原牧区草地畜牧业的平衡可持续发展（李培基，1998；曾群柱，1993；冯学智，1995）。据统计，内蒙古 27 年（1978—2004 年）间共有 66 个旗县发生了 468 次不同程度的雪灾，仅 2010 年 1 月初、12 月 22 日、27 日内蒙古发生特大雪灾三起，全年受灾人口累计达 45.28 万，受灾牲畜累计达 424.7 万头（只），直接经济损失达 8.01 亿元。因此准确监测积雪深度和积雪面积是牧区雪灾评估和风险评价研究的基础，减轻雪灾损失有重要的支撑参考意义。

决定一次雪灾程度大小的影响因素很多，主要包括自然因素系统和社会经济因素系统。自然因素系统有降雪量、积雪范围、积雪深度、积雪日数、风速、积雪密度和气温等气象因子；高程、阳坡、阴坡、凹地和高地等地形条件；牧草产量、牧草密度、牧草高度和盖度等草场情况。社会经济因素系统有大小牲畜的比例和数量、棚圈化率、冬春季草场配置状况、冬储草料、通信和交通等因素（黄晓东，2009；史培军等，1996；周陆生等，2000；全川等，1996；周陆生等，2001；郝璐等，2002）。因此准确掌握积雪时空动态、及时监测积雪面积及深度变化，评估雪灾带来的损失等对政府制定雪灾应急管理、防灾减灾决策，对牧民生产生活以及科学研究等具有重要意义。

本研究利用多源遥感数据，以内蒙古为研究区，揭示内蒙古积雪时空动态特征及气候变化响应；建立基于 FY-3B 微波数据的适合于内蒙古草原牧区雪深反演模型；由积雪面积、积雪深度和植被高度，结合牧区雪灾国家标准提出了内蒙古草原牧区雪灾快速监测评估技术；建立内蒙古草原牧区雪灾风险指标体系及阈值，对内蒙古草原牧区雪灾进行风险区划，在此基础上开发内蒙古草原牧区雪灾监测与风险评价辅助决策系统。可为内蒙古草原牧区雪灾监测、评估，最大限度降低内蒙古草原牧区雪灾损失提供技术支撑。对内蒙古乃至全国草原牧区雪灾应急管理及防灾、减灾工作具有重要的意义。

## 二、积雪参数定义

本研究从内蒙古的实际情况出发，积雪季节定义为每年 10 月至翌年 3 月（如 2011 年 10 月—2012 年 3 月的积雪季为 2012 年的积雪季，剩下年份的积雪季节以此类推）。

积雪日数：遥感影像上各像元点在一个积雪季节中该像元点积雪类别出现的日数之和定义为各像元点的积雪日数。

稳定积雪区域：积雪季节里积雪日数在 60d 以上地区定义为稳定积雪区域。

不稳定积雪区域：积雪季节里积雪日数在小于或等于 60d 的地区定义为不稳定积雪区域。

初雪日期一般定义为一年中该像元点从某日起积雪类别持续出现日数首次超过 14d 时该日的儒略日，终雪日期则相反，一年中该像元点从某日起积雪类别持续出现日数最后一次超过 14d 时该日的儒略日（王增艳等，2012）。

雪深：据中国气象局于 2009 年所给出的地面气象观测规范中规定，雪深指的是当气象站四周视野地面被雪覆盖超过一半时要观测雪深，并且平均雪深不足 0.5cm 的，记为 0cm；当积雪深度≥0.5cm 时，数值四舍五入，最小值为 1cm。

### 三、草原雪灾特点和时空分布规律

草原雪灾是由于大量的降雪与积雪，对畜牧业生产及人们日常生活造成危害和损失的气象灾害。中国草地面积约占世界草地的 13%，占国土面积的 40%，其中牧区草地面积为 3.13 亿 hm²，主要分布在内蒙古、新疆、西藏、青海和甘肃等地。这些省区每年为国家创造约 1/5 的畜牧业产值，在我国国民经济建设和人民生活改善中占有重要地位。由于雪灾属突发性自然灾害，不仅影响冬季放牧，而且严重威胁着因前期干旱累积而特别脆弱的冬季畜牧业生产，是制约我国畜牧业持续发展的重要致灾因子。

草原雪灾亦称白灾，是因长时间大量降雪造成大范围积雪成灾的自然现象。主要是指依靠天然草场放牧的畜牧业地区，由于冬半年降雪量过多和积雪过厚，雪层维持时间长，影响畜牧业正常放牧活动的一种灾害。对畜牧业的危害，主要是积雪掩盖草场，且超过一定深度，有的积雪虽不深，但密度较大，或者雪面覆冰形成冰壳，牲畜难以扒开雪层吃草，造成饥饿，有时冰壳还易划破羊和马的蹄腕，造成冻伤，致使牲畜瘦弱，常常造成牧畜流产，仔畜成活率低，老弱幼畜饥寒交迫，死亡增多。同时还严重影响甚至破坏交通、通信、输电线路等生命线工程，对牧民的生命安全和生活造成威胁。雪灾主要发生在稳定积雪地区和不稳定积雪山区，偶尔出现在瞬时积雪地区。中国牧区的雪灾主要发生在内蒙古草原、西北和青藏高原的部分地区。根据我国雪灾的形成条件、分布范围和表现形式，将雪灾分为 3 种类型：雪崩、风吹雪灾害（风雪流）和牧区雪灾。

我国草原牧区大雪灾大致有十年一遇的规律。至于一般性的雪灾，其出现次数就更为频繁了。据统计，西藏牧区大致 2~3 年一次，青海牧区也大致如此。新疆牧区，因各地气候、地理差异较大，雪灾出现频率差别也大，阿尔泰山区、准噶尔西部山区、北疆沿天山一带和南疆西部山区的冬牧场和春秋牧场，雪灾频率达 50%~70%，即在 10 年内有 5~7 年出现雪灾。其他地区在 30% 以下。雪灾高发区，也往往是雪灾严重区，如阿勒泰和富蕴两地区，雪灾频率高达 70%，重雪灾高达 50%。反之，雪灾频率低的地区往往是雪灾较轻的地区，如温泉地区雪灾出现频率仅为 5%，且属轻度雪灾。但不管哪个牧区大雪灾都很少有连年发生的现象。

雪灾发生的时段，冬雪一般始于 10 月，春雪一般终于 4 月。危害较重的，一般是秋末冬初大雪形成的所谓"坐冬雪"。随后又不断有降雪过程，使草原积雪越来越厚，以致危害牲畜的积雪持续整个冬天。中国雪灾空间分布格局的基本特征是：第一，中国雪灾分布比较集中，全国有 399 个雪灾县，集中分布在内蒙古、新疆、青海和西藏四省区。地域上形成三个雪灾多发区，即内蒙古大兴安岭以西、阴山以北的广大地区和新疆天山以北地区、青藏高原地区；第二，全国存在着三个雪灾高频中心，即内蒙古锡林郭勒盟东乌珠穆沁旗、西乌珠穆沁旗、西苏旗、阿巴嘎旗等地区；新疆天山北塔城、富蕴、阿勒泰、和布克塞尔、伊宁等地；青藏高原东北部巴彦喀喇山脉附近玉树、称多、囊谦、达日、甘德、玛沁一带。

## 四、草原雪灾等级标准

灾害危险度评价体系中，易于诱发灾害事件的孕灾环境（自然与人文环境）、易于酿成灾情的承灾体系统（社会经济系统）、易于形成灾情的区域或时段组合在一起，则必然导致灾害系统的脆弱性水平。应用以上灾害理论观点，将影响雪灾等级划分的众多因素列出，如降雪量、降雪范围、积雪深度、积雪持续时间、草场类型、草群高度、坡度、坡向、牲畜种类、灾区交通状况以及牧民的牧草储量等。

牧区雪灾中气象条件是致灾因子中最根本的主导性因子，没有降雪，雪灾也就无从谈起，经过分析，降雪范围、积雪厚度和积雪持续时间是一次降雪成灾与否的主要影响因子。受灾地区的自然状况和经济条件是雪灾成灾等级的充分条件，草群高度、牧草留存量、牧民自身的防灾抗灾能力及当地的交通条件等综合因素都是一个地区抗灾能力的表现。由于各类家畜的生理特征不同，从而表现出在积雪较深的情况下，破雪采食能力有异。因此在遭受雪灾危害的时候，各类家畜损失也不一样。根据调查资料综合分析：马在积雪深度达 20~30cm、绵羊为 10~20cm、牛<10cm 时，就会造成采食困难。另外，积雪深度和草群高度结合，可以很好地反映冬春季草场由于牧草被积雪掩埋使牲畜采食和走场发生困难而引起积雪灾害。所以同一灾情年份，各类家畜损失情况各不相同。

依据各地区气候状况、自然状况、牲畜状况和经济条件四方面指标，制定牧区雪灾发生的等级，并将草原雪灾预险等级分为轻灾、中灾、重灾和特大灾四级。

轻灾：当积雪掩埋牧草程度在 0.30～0.40cm，积雪持续日数大于等于 10d 时，或积雪掩埋牧草程度在 0.41～0.50cm，积雪持续日数大于等于 7d 时；积雪面积比大于等于 20%时为轻灾。轻灾影响牛的采食，对羊的影响尚小，而对马则无影响，牲畜死亡一般在 5 万头（只）以下。

中灾：当积雪掩埋牧草程度在 0.41～0.50cm，积雪持续日数大于等于 10d 时，或积雪掩埋牧草程度在 0.51～0.70cm，积雪持续日数大于等于 7d 时；积雪面积比大于等于 20%时为中灾。中灾影响牛、羊的采食，对马的影响尚小，牲畜死亡在 5 万～10 万头（只）。

重灾：当积雪掩埋牧草程度在 0.51～0.70cm，积雪持续日数大于等于 10d 时，或积雪掩埋牧草程度在 0.71～0.90cm，积雪持续日数大于等于 7d 时；积雪面积比大于等于 40%时为重灾。重灾影响各类牲畜的采食，牛、羊损失较大，牲畜死亡在 10 万～20 万头（只）。

特大灾。当积雪掩埋牧草程度在 0.71～0.90cm，积雪持续日数大于等于 10d 时，或积雪掩埋牧草程度大于等于 0.90cm，积雪持续日数大于等于 7d 时；积雪面积比大于等于 60%时为特大灾。特大灾影响各类牲畜的采食，如果防御不当将造成大批牲畜死亡，牲畜死亡在 20 万头（只）以上。

## 五、草原雪灾风险评价

1. 草原雪灾风险的构成要素

草地雪灾是草地放牧业的一种冬、春季雪灾。主要是指依靠天然草场放牧的畜牧业地区，冬半年由于降雪量过多和积雪过厚，雪层维持时间长，积雪掩埋牧场，影响家畜放牧采食或不能采食，造成冻饿或因而染病，甚至发生大量死亡。

草地雪灾风险的形成及其大小，是由致灾因子的危险性、承灾体的暴露性和脆弱性及防灾减灾能力综合影响决定的，危险性表示引发草地雪灾的致灾因子；暴露性表示当草地雪灾发生时受灾区的人口、牲畜、基础设施等，脆弱性表示易受致灾因子影响的人口、牲畜、基础设施等；防灾减灾能力表示受灾区在长期和短期内能够从生态灾害中恢复的程度。

2. 草原雪灾风险的形成机制

从灾害学角度出发，根据草地雪灾形成的机理和成灾环境的区域特点，草地雪灾的产生应该具备以下条件：首先，必须存在一定量的降雪；其次，在温度、风力、高程、坡度等自然条件的影响下作用于草地以及草地上的生命和基础设施；再次，经过草地上脆弱的生命、社会经济等的加剧风险与人为的物资投入、政策法规等的降低风险的综合作用下，造成了一定的损失，即草地雪灾（图1-1，图1-2）。

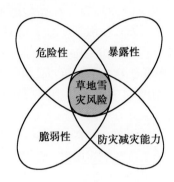

图 1-1 草地雪灾形成原理

**Fig. 1-1 Formation principle of grassland snow hazard**

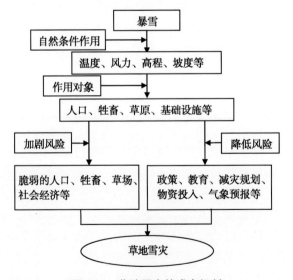

图 1-2 草地雪灾的成灾机制

**Fig. 1-2 Hazard mechanism of grassland snow disaster**

## 六、雪灾灾情评价

### 1. 草地雪灾灾情构成要素

从区域灾害系统论的观点来看，草地雪灾的致灾因子、孕灾环境、承灾体、灾情之间相互作用，相互影响，形成了一个具有一定结构、功能、特征的复杂体系，这就是草地雪灾灾害系统，其中，致灾因子、孕灾环境、承灾体和灾害损失（灾情）包括图1-3所示要素。

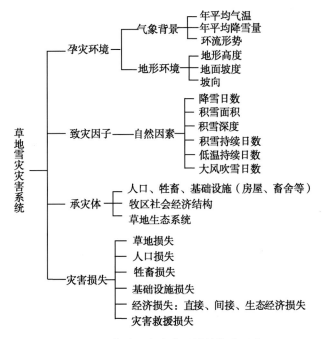

图 1-3　草地雪灾灾害系统的构成要素

Fig. 1-3　**The Constituent elements of Grassland Snow Hazard System**

### 2. 草地雪灾灾情的形成机制

国内外有关学者在大量研究区域灾害安全的基础上系统地进行了理论总结，认为在灾情形成过程中，致灾因子、孕灾环境与承灾体缺一不可，忽略任何一个因子对灾害的研究都是不全面的。

史培军等在综合国内外相关研究成果的基础上提出区域灾害系统论的理论观点。他认为，灾情即灾害损失（$D$）是由孕灾环境（$E$）、致灾因子（$H$）、承灾体（$S$）之间相互作用形成的，即

$$D = E \cap H \cap S$$

式中，$H$ 是灾害产生的充分条件，$S$ 是放大或缩小灾害的必要条件，$E$ 是影响 $H$ 和 $S$ 的背景。任何一个特定地区的灾害，都是 $H$，$E$，$S$ 综合作用的结果。其轻重程度取决于孕灾环境的稳定性、致灾因子的危险性以及承灾体的脆弱性，是由上述相互作用的三个因素共同决定的。灾害系统是由孕灾环境、承灾体、致灾因子与灾情共同组成具有复杂特性的地球表层系统（图1-4）。

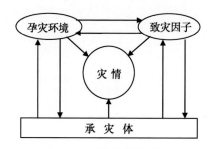

**图 1-4    灾害系统构成图**

**Fig. 1-4    The composition map of hazard system**

所谓孕灾环境的稳定性是指灾害发生的背景条件，即自然环境与人文环境的稳定程度。一般环境越不稳定，灾害损失越大。

致灾因子的危险性是指造成灾害的变异程度，主要是由灾变活动规模（强度）和活动频次（概率）决定的。一般灾变强度越大，频次越高，灾害所造成的破坏损失越严重。

承灾体的脆弱性也叫易损性，是指在给定的危险地区存在的所有财产由于危险因素而造成伤害或损失的容易程度，脆弱性越大损失也越大。

图 1-4 表明，在灾害系统中，灾害损失的形成是由于致灾因子在一定的孕灾环境下作用于承灾体后而形成的。雪灾是自然界的降雪作用于人类社会的产物，是人与自然之间关系的一种表现。由于草地牧区雪灾的最终承灾体是人类及人类社会的集合体，如草地、牲畜、建筑设施等，所以，只有对承灾体的部分或整体造成直接或间接损害的降雪才能被称为雪灾。草地牧区雪灾是指依靠天然草场放牧的畜牧业地区，由于冬半年降雪量过多和积雪过厚，雪层维持时间长，影响畜牧业正常放牧活动，牲畜因冻、饿而出现死亡现象的一种灾害。对畜牧业的危害，主要是积雪掩盖草场，且超过一定深度，有的积雪虽不深，但密度较大，或者雪面覆冰形成冰壳，牲畜难以扒开雪层吃草，造成饥饿，有时冰壳还易划破羊和马的蹄腕，造成冻伤，致使牲

畜瘦弱，常常造成牧畜流产，仔畜成活率低，老弱幼畜饥寒交迫，死亡增多。同时还严重影响甚至破坏交通、通信、输电线路等生命线工程，对牧民的生命安全和生活造成威胁。

从灾害学的角度出发，草地牧区雪灾的产生必须具有以下条件：①必须存在诱发降雪的因素（致灾因子）；②存在形成草地牧区雪灾的环境（孕灾环境）；③草地牧区降雪的影响区域有人类及其社会集合体的居住或分布有社会财产（承灾体）。图1-5中概括了草地雪灾成灾的机理和过程。

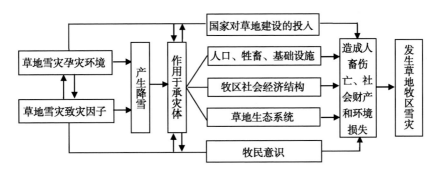

图 1-5　草地雪灾成灾机理

**Fig. 1-5　Hazard mechanism of grassland hazard**

## 第二节　研究区概况

内蒙古自治区位于我国北部边疆，呈现狭长形，其地形走向为东北向西南斜伸，地理位置为 E 97°12′~126°04′，N 37°24′~53°23′。内蒙古自治区横跨东北、华北、西北三大区，全区土地总面积为 118.3 万 km²，占全国总面积的 12.3%，东南西与 8 省区毗邻，北部与蒙古国、俄罗斯接壤，国境线长 4200km，是我国北方的重要生态屏障。到 2012 年年末，全区人口数为2497.61 万人。其中，乡村人口总数为 1031.26 万人，城镇人口总数为1466.35 万人。

内蒙古自治区地势较高，属于高原型地貌区，平均海拔高度在 1000m左右，在世界自然区划中，称为内蒙古高原，属于亚洲中部蒙古高原的东南部地带，是我国第二大高原。此外，在与平原的交接地带、山地向高平原过渡地带，还分布着石质丘陵和黄土丘陵，其间杂有谷地、盆地和低山分布。

内蒙古自治区幅员辽阔，但整体位于中纬度地区，高原所占面积较大，距离海洋较远，边沿又有山脉阻隔，因此气候条件相对比较复杂。全区以温带大陆性季风气候为主，平均降水量较少且时空分布不均。其中属于温带大陆性气候的地区分布在内蒙古的西北部。全区全年降水量则由西南向东北递增，内蒙古自治区是缺水地区，境内内流和外流大小河流共有 1000 多条，水资源总量为 515.5 亿 m³，其中流域面积在 1000km² 以上的相对大的河流有 107 条。大小湖泊近千个。其中大部分地区处于水资源紧缺的现状，只有黄河沿岸地带可以相对地方便利用部分过境水。

太阳辐射量由西南向东北递减，西部地区降水少，向东北地区递增。全区大风日数相对多，年大风日数平均在 10~40d，且主要发生在春季（约占平均大风日数的 70%）。内蒙古自治区日照充足，大部分地区年日照时数都在 2700h 以上，光能资源十分丰富，尤其阿拉善高原的西部地区可达 3400h 以上。

内蒙古自治区土壤分布有地带性，且土壤种类繁多，土壤的生产性能和土壤性质也各不相同，但内蒙古自治区境内土壤的共同特点是在形成过程中有机质积累较多，钙积化强烈。内蒙古自治区境内土壤在分布上有较明显的东西之间变化，土壤带基本呈西南—东北向排列。内蒙古自治区境内植被种类组成主要包括有种子植物、苔藓植物、蕨类植物、地衣植物、菌类植物等。植物种类区域分布不均衡，全区山区的植物相对其他地区较丰富。

内蒙古天然草场面积辽阔，是国内天然草场以放牧为主的重要的畜牧业生产基地。全区草原总面积占全国草原总面积 21.7%，达 8666.7 万 hm²，全区畜牧业以天然草场放牧为主。自治区东北部的草甸草原降水充足，牧草种类繁多，土质肥沃，具有优质高产的特点，因此特别适宜于饲养大畜；位于中部和南部地区的草原降水属于较为充足，牧草种类、产量和密度虽然不及草甸草原，但富有营养，适于饲养羊、牛、马等各种牲畜；位于鄂尔多斯高原西部和阴山北部的荒漠草原，气候相对干燥，产草量低，这些地区适合饲养小畜。

## 第三节　草原雪灾研究内容、常用方法

### 一、草原雪灾监测

研究内容如下。

1. 积雪范围监测

光学遥感和被动微波遥感协同监测草原积雪覆盖范围。

归一化差分积雪指数：

积雪在可见光波段有高反射率，然而在短红外波段有低的反射率。因此归一化差分积雪指数（NDSI）是有效区分其他地物和积雪识别的主要方法之一。

归一化差分积雪指数一般利用 MODIS 卫星数据的第 2 通道（841～876nm）、第 4 通道（545～565nm）和第 6 通道（1628～1652nm）进行 NDSI 的计算和积雪判识。

$$NDSI = (CH4 - CH6) / (CH4 + CH6)$$

一般 MODIS 数据阈值是，当 NDSI>0.4 且 CH2 反射率>11%、CH4 反射率>10%时判定为雪，像元大小为 500m。

对于 TM 影像提取积雪常利用 SNOMAP 算法（Hall D K 等，1995），采用 TM 影像数据的第 2 和第 5 波段计算归一化差分积雪指数。

$$NDSI = (CH2 - CH5) / (CH2 + CH5)$$

一般 TM 数据的阈值是 NDSI>0.35，同时要消除水体和暗色物质的干扰，CH4 反射率>0.10，且 CH2 反射率>0.11，生成 TM 影像的二值积雪分类图，像元大小为 30m。

分段积雪覆盖率反演算法：

本研究积雪覆盖率提取时，利用 MODIS 数据，其空间分辨率为 500m。有时 250000m² 大小的像元只有部分区域被积雪覆盖导致像元由非积雪地物和积雪构成。因此混合像元出现的概率比较大。本研究利用了张颖等（张颖等，2013）的积雪覆盖率分段模型：

当 NDSI≤-0.5777 时，FRA =0；

-0.1038≥NDSI>-0.5777 时，FRA =0.53 +1.39NDSI；

0.7085>NDSI>-0.1038 时，FRA =0.22 +1.23NDSI；

NDSI≥0.7085 时，FRA =1；

式中，FRA 为积雪覆盖率，NDSI 为归一化差分积雪指数。

微波传感器具有全天候工作的能力，因此比较适用于云层覆盖下的积雪监测，而目前常用的是被动微波遥感技术，雷达数据的使用则仍在探索之中。对于被动微波积雪遥感而言，积雪像元识别的依据在于积雪对不同频率的微波辐射能量散射与吸收的不同。由于积雪颗粒对高频能量的散射能力更强，这样造成低频与高频通道的亮温差为正值。通常对于积雪等散射体而言，可以通过简单的双通道差值法来进行识别。这里，定义散射指数（scatter index）具有如下的形式：scat =（Tb19V−Tb37V or Tb22V−Tb85V）

式中，19 和 37 分别表示 19GHz 和 37GHz 频率通道，22 和 85 同义，V 表示极化方式。

一般情况下，识别散射体的条件为 scat>0。当然，仅仅使用散射指数还不能准确地识别出积雪。考虑到地表其他类型散射体的影响，通常使用多阈值法来进行积雪像元的判定，而这就需要根据区域实际状况的客观差异来予以研究和确定。

使用被动微波数据进行雪盖识别，首先应使用散射指数来识别散射体，然后再将积雪与其他散射体区分开来，可按下面的算法和顺序来实现。

（1）散射体的识别。

scat = max（Tb18.7V − Tb36.5V − 3，Tb23.8V − Tb89V − 3，Tb36.5V − Tb89V−1）>0

（2）降雨的识别。

Tb23.8V>260K

Tb23.8V≥254K and scat ≤3K

Tb23.8V≥168+0.49×Tb89V

（3）寒漠的识别。

Tb18.7V−Tb18.7H ≥18K

Tb18.7V−Tb36.5V≤12K and Tb36.5V−Tb89V≤13K

（4）冻土的识别。

Tb18.7V−Tb36.5V≤5K and Tb23.8V−Tb89V≤8K

Tb18.7V−Tb18.7H≥8K

通过以上判别式的叠加计算，就可以将草原积雪覆盖的遥感信息提取出来。

光学遥感与微波遥感用于积雪范围的监测，各有其优缺点。光学遥感数据空间分辨率较高，但受天气影响；微波遥感数据具有全天候的优势，但是其空间分辨率较低。总体而言，应该将两者的优势结合起来，以达到提高积雪面积估算精度的目的。

2. 积雪深度监测

利用被动微波遥感数据、植被、气象站台的积雪观测资料以及野外定点观测资料来建立不同区域（草甸草原、典型草原和荒漠草原）的雪深监测模型，并监测草原积雪深度。研究方法是建立回归模型。

基于 FY-3B 的微波亮温数据适合于内蒙古草原牧区雪深反演算法：

本研究在利用蒋玲梅等的雪深算法的基础上，对各波段亮温差和实测雪深作相关性分析后，利用有效样本的 18h 和 36h 的亮温差、10v 和 89h 亮温差及 18v 和 89h 亮温差值和实测雪深进行拟合分析，得到基于 FY-3B 的内蒙古草原牧区积雪深度反演算法：

$$SD = 0.5349 \times d18h36h - 5.8052 + 10.8228 \times \exp(-0.0801 \times d10v89h + 0.0833 \times d18v89h)$$

式中，SD 表示内蒙古草原牧区反演的雪深值，单位为 cm。公式中的字符组合：d 表示差值；10、18、36 和 89 表示 FY3B-MWRI 微波成像仪 L1 降轨数据的对应亮温通道；v 表示垂直极化；h 表示水平极化。例如，d10v89h 表示 10.65GHz 垂直极化和 89GHz 水平极化的亮温差。

3. 积雪动态及其对气候变化的响应

积雪与气候变化之间具有密切的关系，研究积雪面积、积雪深度和积雪日数的时空变化规律及其对温度和降水等气候因子的响应特征，对深入理解研究区积雪与气候变化之间的互作关系具有重要意义。

4. 网格 GIS 分析方法

网格 GIS 是地理信息系统与网格技术的有机结合，是地理信息系统在栅格环境下的一种应用。利用地理信息系统技术，按研究内容的需求的大小生成网格，通过地理信息系统的空间分析功能提取根据网格对应行政区的社会经济等属性，进行网格化建立空间数据库（阎莉，2012）。

5. 回归分析

回归分析是一种统计分析方法，需要确定两种或两种以上变量之间相互依赖定量关系的方法。回归分析的分类有多种，按因变量分类为一元回归分析和多元回归分析；按照自变量分类为回归分析和多重回归分析；按因变量和自变量的关系分成线性回归分析和非线性回归分析。

二、草原雪灾评价

1. 雪灾风险评价

研究内容：①雪灾风险指标的选取；②雪灾预警模型的建立；③雪灾预警等级划分；④雪灾风险评价。

草地雪灾风险评价方法：

在对草地雪灾进行风险评价中主要采用了如下几种方法。

①自然灾害风险指数法。自然灾害风险指未来若干年内可能达到的灾害

程度及其发生的可能性。某一地区的自然灾害风险是危险性、暴露性、脆弱性和防灾减灾能力四个因素共同作用的结果，四者缺一不可。自然灾害风险的数学公式可以表示为：

自然灾害风险=危险性（H）×暴露性（E）×脆弱性（V）×防灾减灾能力（R）

其中，危险性、暴露性和脆弱性与自然灾害风险呈正相关，防灾减灾能力与自然灾害风险呈反相关。当危险性与脆弱性在时间上和空间上结合在一起的时候就很可能形成草地雪灾。

②层次分析法。层次分析法是一种定性与定量分析相结合的多因素决策分析方法。这种方法将决策者的经验判断给予数量化，在目标因素结构复杂且缺乏必要数据的情况下使用更为方便。

层次分析法确定指标权重系数的基本思路是：先把评价指标体系进行定性分析，根据指标的相互关系，分成若干级别，如目标层、准则层、指标层等。先计算各层指标单排序的权重，然后再计算各层指标相对总目标的组合权重。

③加权综合评分法。加权综合评分法是考虑到每个评价指标对于评价总目标的影响的重要程度不同，预先分配一个相应的权重系数，然后再与相应的被评价对象的各指标的量化值相乘后，再相加。计算式为：

$$P = \sum_{i=1}^{n} A_i W_i$$

且有 $A_i > 0$，$\sum_{i=1}^{n} A_i = 1$

其中，$W$ 为某个评价对象所得的总分；$A_i$ 为某系统的 $i$ 项指标的权重系数；$Wi$ 为某系统第 $i$ 项指标的量化值；$n$ 为某系统评价指标个数。

④网格 GIS 分析方法。网格 GIS 是 GIS 与网格技术的有机结合，是 GIS 在网格环境下的一种应用。根据具体的研究内容确定网格的大小，用 GIS 技术来实现网格的生成；运用一定的数学模型将搜集到的以行政区为单位的各种属性数据进行网格化，并与网格相对应建立空间数据库。

2. 雪灾灾情评价

研究内容：①雪灾灾情评价指标的选取；②建立雪灾灾情评价模型；③雪灾灾情评价；④雪灾灾情区划。

雪灾灾情评价方法：草地雪灾灾情评价研究的方法包括等值线法、层次分析法（AHP）、灰色定权聚类法和 GIS 技术相结合的分析方法。

（1）等值线法是指将采集的参数，经数据处理后，展开在相应的测线测点上，按一定的等值数差，将相同等级数据全部勾绘出来，形成等值线图的方法。本研究采用 Surfer 软件画等值线图的方法。Surfer 制图一般要经过编辑数据、数据插值、绘制图形、打开及编辑基图和图形叠加等过程，在气象预报和科研工作中应用广泛，能减少工作强度，提高工作效率和出图质量。具体分为 5 个步骤，详情参阅文献。

（2）层次分析法（AHP）是一种对指标进行定性定量分析的方法，层次分析法是计算复杂系统各指标权重系数的最为合适的方法之一，因此本研究采用专家咨询基础上的 AHP 方法作为确定评价指标权重的方法。本研究应用此方法的基本思路是：通过将每个因子的组成指标成对地进行简单地比较、判断和计算，得出每个指标的权重，以确定不同指标对同一因子的相对重要性。它是对指标进行一对一的比较，可以连续进行并能随时改进，比较方便有效。运用层次分析法进行决策时，大体可分为 6 个步骤进行，详情参阅文献。

①画指标体系的层次图；
②确定计算各层次权重系数顺序；
③构造判断矩阵；
④各层次单排序指标权重计算；
⑤各层次判断矩阵一致性检验；
⑥计算组合权重系数。

（3）灰色定权聚类法是指根据灰色定权聚类系数的值对聚类对象进行归类，称为灰色定权聚类。

当聚类指标意义不同，量纲不同，且在数量上悬殊时，若不给各指标赋予其不同的权重，可能导致某些指标参与聚类的作用十分微弱，所以利用灰色定权聚类法对各聚类指标事先赋权。

灰色定权聚类可按下列步骤进行：
①绘出聚类样本矩阵；
②确定灰类白化函数；
③根据以往经验或定性分析结论给定各指标的聚类权 $\eta_j (j = 1, 2, \cdots, m)$；
④计算指标定权聚类系数 $\sigma_i^k$，构造聚类系数向量 $\sigma_i$；
⑤把对象进行聚类。若 $\sigma_i^{k^*} = \max_{1 \leq k \leq j} \{\sigma_i^k\}$，则断定聚类对象 $i$ 属于灰类 $k^*$。

（4）GIS 技术相结合的分析方法。地理信息系统（*GIS*）具有采集、管理分析和输出多种空间信息的能力，与草地雪灾的形成密切相关的雪灾发生次数、降雪日数、积雪日数、雪灾发生的地理分布等均具有较强的空间变异性，可以用空间分布数据来表现，*GIS* 技术必然能够对草地雪灾的灾情分析起到很好的支持作用。因此本研究借助 *GIS* 技术对内蒙古锡林郭勒盟草地雪灾灾情进行分析。

### 三、积雪数据同化

目前，积雪数据同化研究多集中在发展和测试一维的单点系统。在这些系统中，一般使用陆面过程模型中的积雪子模型模拟雪深、雪水当量、雪密度、雪湿度等雪的状态变量，采用估计雪深、雪水当量的各种算法或者辐射传输模型作为观测算子将雪的状态变量转换为观测量，有的同化系统则直接同化各类积雪遥感数据产品，所使用的同化方法以各类 Kalman 滤波为主。

### 四、草原雪灾应急管理辅助系统

系统的开发研究分为 4 个阶段：系统分析、系统设计、系统实施、系统评价及维护。系统分析阶段的工作室要解决"做什么"的问题，其核心主要是对系统进行逻辑分析，解决需求功能的逻辑关系和数据支持系统的逻辑结构，以及数据与需求功能之间的关系；系统设计阶段的工作室要解决"怎么做"的问题，将系统由逻辑设计向物理设计过度，为系统实施奠定基础；系统评价将运行着的系统与预期目标进行比较，考察系统是否达到设计时所预定的效果。

## 第四节　存在的问题及展望

### 一、存在的问题

遥感技术以其宏观、快速、周期性、多尺度、多谱段、多时相等优势，在积雪动态监测中发挥着重要作用。但是，与其他环境监测相比，积雪的遥感监测有其特殊的复杂性。

（1）就积雪的光谱特性而言，尽管在可见光和近红外波段积雪有其明显的光谱特征。但积雪对太阳光的反射和自身的辐射，不仅与雪面状态，即雪表面光滑程度、纯洁程度有关，而且与雪晶大小和形状有关，还与积雪内部的垂直结构，如积雪深度、积雪中液态水含量和积雪的层结状态以及观测时的太阳的入射角度有关。这些因素，虽然有助于积雪监测的应用分析，但也给积雪的准确判读带来了困难。

（2）积雪下垫面的不同，即地形特征和地表植被特征也给遥感监测积雪造成一定的影响。例如，高山和谷地的积雪、阳坡和阴坡的积雪、森林与灌木丛中的积雪等，其光谱响应均有差别，这些都是影响积雪判读的重要因素。

（3）最重要的则是云，尤其是低云的影响，是利用可见光资料监测积雪的最大障碍。由于云与雪在可见光和近红外波段具有类似的光谱特征，因此，在遥感监测积雪中如何区分云和雪，如何消除云和大气的影响是一个关键问题。被动微波遥感数据是可见光光遥感数据监测积雪的有益补充。微波数据可以不受天气以及云的影响，全天候对积雪进行监测。但是用被动微波遥感数据获取积雪信息需要发展一定的算法，不如可见光数据观测积雪范围那样直接。各地由于不同的积雪以及下垫面的状况，几乎不存在适合任何条件下的雪深反演算法。

（4）目前建立雪深模型时都用气象站点的数据来建立模型，气象站点资料只是一个点数据，不能代表整个区域积雪的平均状况，并且分布也不均匀。

## 二、展望

在今后一段时间内，其主要研究内容可包括以下方面。

（1）雪灾监测方面，任何一种遥感资料都有其各自优缺点，在实际应用过程中，利用多源遥感数据，扬长避短，提高对积雪深度和雪水当量的估计精度。

（2）雪灾研究，将更突出多学科的交互优势，特别是利用"3S"一体化技术，实现对积雪的实时遥感监测、综合评价与早期预警，并运用系统工程理论研究积雪灾害系统的内部反馈机制，提出防御对策。

（3）积雪对气候变化的影响研究将更强调区域性、大范围，突出动态特点，研究时空分布特征，预测变化趋势，以解决积雪与全球气候变化中的一些重大理论问题。

（4）融雪径流模拟，将更注重模型参数的优化，特别是卫星雪盖参数和积雪水当量换算的遥感参数估计。另外，为了充分发挥遥感技术在水文应用中的潜力，应努力将遥感系统的输出与现有的基于水文学的模型更紧密的结合起来。

# 第五节　雪灾国内外研究进展

## 一、积雪面积遥感监测研究

Stanley 等（1987）利用 AVHRR 遥感数据的通道 1 和通道 2 的反照率之差进行监测积雪的分类和识别。随后，一些研究利用 AVHRR 数据，采用应用线性插值法以及线性混合光谱分解原理来研究森林地区的积雪覆盖面积估算方法（Simpson 等，1998；Metsamaki 等，2002）接着大量的研究采用分辨率更高的 MODIS 数据，发展了第 4 通道和第 6 通道的不同反射率特性的归一化差分积雪指数（NDSI：Normalized Difference Snow index）来分类识别积雪，并用更高分辨率的影像数据 TM 对积雪分类结果进行检验，使积雪识别精度提高很多。

在国内，20 世纪 80 年代中期开始积雪方面的监测工作，利用 AVHRR 气象卫星资料进行积雪监测，提出反演积雪面积和积雪厚度的方法，并利用真值进行精度检验（曾群柱等，1990；马虹等，1996；周咏梅等，2001），结果显示，对积雪面积与积雪分类精确度在 80% 以上，估算的积雪厚度基本准确。由于 MODIS 影像的空间和时间分辨率比 AVHRR 影像高，红外和可见光数据的不同反射率差异进行积雪面积监测（季泉等，2006；陆智等，2007）。光学遥感容易受到云层的干扰，因此很多研究者做了 MODIS 影像每日 Terra-Aqua 合成、多日产品合成、光学和被动微波积雪信息融合、雪线去云算法等去除云层干扰的研究来提高积雪分类的精度（Liang 等，2008a，2008b；Gao 等，2010a，2010b，2011；Hall 等，2010；Paudel 和 Andersen，2011）。

随着社会的发展，雪灾评估对积雪覆盖范围识别精度的要求不断提高，使用 NDSI 和监督分类法制作出来的积雪分类图像已不能满足研究需求。而积雪覆盖率算法可以很好的分类亚像元的积雪面积，提高了积雪面积监测精度。因此，开展积雪覆盖率方面的研究越来越受到国内外研究者的关注。目前，在国外利用混合像元分解方法选取合适的端元提取积雪覆盖率算法（Dobreva 等，2011；Painter 等，2003；Rosenthal 等，1996）。在国内利用混合像元分解方法（陈晓娜等，2010；施建成，2012；郝晓华等，2012）来研究像元内的积雪覆盖率，这些算法虽然精度较高，但其算法的复杂性影响了其业务化的快速监测推广和在全球尺度下的应用。Barton 等（Barton J S 等，2000）利用遥感数据，开展积雪覆盖率和积雪植被指数之间的多元回归关系，进行反演美国西南部地区积雪覆盖率。Kaufman 等（2002）利用 TM 遥感影像，开展了基于数学统计分析法的积雪覆盖率反演算法。Salomonson 等（2004）提出了在 NDSI 与真实积雪覆盖率之间建立一元线性回归关系的模型来估算基于 MODIS 影像数据的亚像元积雪盖率，并利用真实的值验证精度发现该模型比 Barton 和 Kaufman 的积雪覆盖率算法的精度显著提高。在国内利用归一化积雪指数及积雪覆盖率之间建立分段模型，并利用 ETM 数据对模型估算结果进行了验证（曹云刚等，2006；周强等 2009）。刘良明等（2012）提出了基于归一化积雪指数 NDSI 的非线性积雪覆盖率回归模型，并利用建立的回归模型提取天山地区和祁连山地区的积雪覆盖率进行了验证。张颖等（2013）针对 MODIS 逐日积雪覆盖率产品（MOD10A1）存在精度差、地域限制等问题，利用 MODIS 地表反射率产品（MOD09GA），提出了分段建模的方法，生成了精度更高的积雪覆盖率产品，并采用 Landsat 资料对该产品进行了验证。另外，积雪覆盖率反演模型精度方面还有不同地域的限制条件等问题，待有深入开展研究。

## 二、积雪深度遥感监测研究

被动微波遥感有穿透云层的特点，时间分辨率高，并且能穿透地表有效获取积雪深度信息（蒋玲梅等，2014；Foster J L 等，1984），使得被动微波遥感在获取雪深参数上有很大优势。在国外，1970 年以来，研究者们开展基于被动微波遥感的雪水当量以及积雪厚度反演算法等积雪遥感模型方面大量的研究，其中大多数积雪厚度模型都基于 Chang 等提出的不同通道亮温特征建立的"亮温梯度"算法来来反演积雪深度（Chang A T C 等，1976；Chang A T C 等，1987；Hallikainen M T 等，1992）。之后对该算法进行了修正，Foster 等（1997）在"亮温梯度"半经验算法的基础上，对森林地区反演雪水当量时加了森林覆盖度参数，经验证反演精度比"亮温梯度法"有所提高。Tait（1998）利用的数据源是 SSM/I 传感器的数据，结合地面雪深观测及下垫面因素反演雪深，揭示了不同的下垫面对反演雪水当量的结果有较大的影响。Singh 等（2000）增加了平均海拔高度、大气温度与水体面积等辅助信息，进一步改进雪水当量算法。2000 年以后，Armstrong 等（2002）利用 SSM/I 数据反演的雪深，发现荒漠地区和冻土区的雪深总是被高估。另外，基于 SSM/I 亮温数据，研究区为北美洲大草原，采用动态算法和静态算法混合的算法反演雪深（Biancamaria 等，2008；Grippa 等，2004）。同时，大量的研究开展了基于被动微波遥感数据的典型的反演雪水当量（SWE：Snow Water Equivalent）算法，如 HUT（Helsinki University of Technology）积雪辐射模型、MSC（Meteorological Service of Canada）算法（Derksen C，2002）、基于统计模式的雪水当量估算法和 TOL（temperature Gradient Index）算法（Derksen C，2002）等。另外不同的下垫面对雪深的敏感性不同，尤其森林地区的雪深反演精度不高，Derksen 等（Derksen C 等，2005；Derksen C，2008）提出了不同下垫面类型敏感的积雪厚度反演算法。但是，在积雪深度探测方面，仍有不少问题待研究。

我国积雪微波遥感研究起步稍晚，20 世纪 90 年代初期，一些研究者开展了被动微波积雪遥感方面的研究，并采用气象台站的雪深资料对比被动微波遥感反演结果，评价了我国雪水当量算法以及积雪厚度反演算法的精度（曹梅盛等，1994；李培基，1993）。柏延臣（2001）和高峰（2003）等利用 SMMR 被动微波亮温数据和我国西部气象台站的雪深资料对我国西部地区的反演雪深模型修正了 Chang 的算法。车涛等（2004）以 chang 算法为基础，利用被动微波 SMMR 不同频率水平极化亮温差和实测雪深数据建立线性回归的雪深反演模型进行东西部地区积雪深度反演。结果发现，模型可以使总体反演精度平均提高 10%，Kappa 分析精度平均提高 20%。李晓静等（2007）利用 SSM/I 数据发展了在我国及周边地区判识积雪的改进方法，大大减小了我国区域的冻土对被动微波遥感积雪识别分类的影响。延昊等（2008）采用地球表面不同地物对被动微波辐射计 SSM/I 的不同频率的亮温值的差异特性进行波谱分析，建立了基于 SSM/I 微波检测积雪识别算法，并与光学遥感 MODIS 积雪覆盖数据对比，揭示了该方法的积雪覆盖面积与 MODDS 基本一致。发现该反演模型优于 chang 的算法。孙知文等（2006）以新疆地区为研究区，利用 AMSR-E 数据，建立被动微波遥感的雪深反演模型，其 RMSE 值为 9.2cm。仲桂新（2010）、Liang（2008）和延昊（2005）等利用光学遥感和被动微波遥感积雪产品对比分析以及光学和被动微波融合可以提高积雪识别精度。多项研究是以基于星载微波辐射计的亮温数据对青藏高原和北疆地区进行研究，揭示当积雪厚度超过一定深度时，被动微波遥感反演的雪深存在偏差，低估了积雪厚度（Dai Liyun 等，2012；于惠等，2011；卢新玉等，2013）。因此，怎样采用微波辐射计的不同频率和不同极化的亮温值，提高基于被动微波遥感雪深反演模型精度成为该领域的瓶颈（张显峰等，2014）。综上所述，目前基于被动微波遥感雪深反演的研究已经有所进展。但是，在国产卫星风云 3B 的内蒙古地区的雪深反演及比较分析的研究还较少。

### 三、雪灾灾情评估研究

在国外，关于雪灾灾情评估的研究主要是开展山区雪灾的研究，牧区雪灾方面的研究相对较少，研究的重点主要针对雪崩和积雪的流动性影响交通及通信等，积雪深度对植被乃至整个生态系统的干扰作用等（刘佩，2012）。

雪灾的时空分布方面，郝璐利用以报刊雪灾灾情报道为主要信息源，结合灾情对应的气象站点的统计资料，获取了中国县级行政单元的雪灾统计信息，重建了中国近 50 年（1949—2000 年）雪灾的时空分布特征，中国雪灾存在内蒙古中部、青藏高原东北部和新疆天山以北等 3 个高发中心（郝璐等，2002）。一些研究采用气象站点的长时间资料，研究青海高原以及青藏高原的雪灾时间发生趋势和空间分布特征（张涛涛等，2012；郭晓宁，2010）。

牧区雪灾灾情评估指标和方法方面，很多研究选择积雪状况（掩埋牧草程度、积雪持续天数和积雪面积比）和承载体的损失状况（牲畜死亡率、人员死亡及基础设施损失等）来分级确定雪灾灾情等级，采用白灾综合指数法、模糊综合评价法、灰色定权聚类法等方法来评估雪灾灾情程度（鲁安新等，1995；冯学智等，1996；鲁安新等，1997；冯学智等，1997；宫德吉等，1998；刘兴元等，2004；余忠水等，2006；刘兴元等，2006；李海红等，2006；周秉荣等，2006；董芳蕾，2008；郭晓宁等，2012）。并已制定青海省地方的雪灾等级标准，在此基础上结合不同草原牧区的实际提出了牧区雪灾等级国家标准（GB/T 2048—2006）。郭晓宁等利用青海高原近 60 年（1951—2008 年）雪灾实际灾情统计资料，结合雪灾造成的牲畜死亡率，采用标准化降水指数（SPI），确定了不同雪灾等级的阈值，制定了青海高原基于实际灾情的雪灾标准（郭晓宁等，2012）。

利用多源遥感数据监测雪灾灾情和监测区域选择方面，数据源为 NOAA 卫星、FY-1C 极轨气象卫星、MODIS、AMSR-E、FY-3B 等数据，监测北疆地区和青藏高原地区的雪灾灾情研究得相对较多，研究区域为内蒙古的相对较少（周咏梅等，2001；冯学智等 1995；郝璐等 2002；周陆生等，2001）。

## 四、雪灾风险评价研究

在国外很多发达国家基本上不属于天然放牧，具有良好的棚圈等畜牧业基础设施，虽然冬天降雪量大而导致雪灾发生，但是草饲料供给充足，因此对草地畜牧业的影响相对较小，其研究的热点是雪崩和风吹雪的积雪流动性对交通及通讯的影响以及干扰等方面的山地雪灾风险评估（王玮，2014）。Tachiiri 等（2008）利用雪水当量和 NDVI 等的遥感数据以及家畜死亡率的统计资料，对蒙古国进行雪灾风险评估以及经济损失预测。Nakai 等（2012）采用气象因子建立了山区雪灾预警系统，能够预测风吹雪的发生和雪崩等引起的积雪流动的路径。Tominaga 等（2011）采用流体力学模型和降水量预测模型，结合气象数据，能够预测积雪时空分布特征及雪灾可能发生的区域（王玮，2014）。

牧区雪灾风险评价研究方面，早期研究主要是开展致灾因子的危险性和承载体的脆弱性评估。李硕等选择积雪、草情和牲畜状况的 7 个指标，通过模糊评价方法对新疆地区的雪灾危险性评价（李硕等，2001）。马丽娟等利用气象站点观测数据，应用"at-risk"积雪评估方法，评估对青藏高原地区的积雪形成过程（马丽娟等，2001）。郝璐等从承灾体的脆弱性角度揭示了中国雪灾的三个高发区，并进行对内蒙古的雪灾脆弱性综合评估（郝璐等，2002，2003）。此外一些研究利用气象预报因子选取指标来评估青藏高原地区的雪灾危险性（王江山等，1998；王希娟等，2000；周陆生等，2001；杨延华等，2011）。另外，很多研究从灾害系统理论出发，提出雪灾的风险是由致灾因子的危险性、承载体的脆弱性和暴露性的综合作用下形成的观点，并选取了积雪情况、草情、牲畜灾情以及社会经济统计资料指标作为评价的指标来开展内蒙古、青海和新疆等牧区雪灾风险预警与评估研究（刘兴元等，2008；张国胜等，2009；张学通，2010；何永清等，2010；王博，2011；梁凤娟，2011）。还有用风险评估的单元进行栅格化，社会经济属性数据为旗县行政区界限统计，评估牧区雪灾风险以及与风险区划研究（梁天刚等，2004；伏洋等，2010；陈彦清等，2010）。

尤其是 2013 年以来，风险评价的研究区越来越细化到乡镇为单位，并且研究区扩展到青藏高原，研究内容也拓展到雪灾综合风险评估方面。李红梅等采用青海省逐日积雪深度资料验证遥感监测积雪深度，利用遥感数据建立积雪指标，结合牲畜死亡率资料对青海省雪灾的致灾因子的危险性和风险区划（李红梅等，2013）。李凡等利利用 3S 技术，建立风险评估指标体系，采用聚类分析法与层次分析法（AHP）相结合的方法，按乡镇为评估单元对果洛地区雪灾致灾因子危险性进行了评估（李凡等，2014）。王世金等采用 Logistic 回归方法，以 ARCGIS 和 SPSS 软件为工具，选取 2010 年冬春季平均雪深、积雪日数、雪灾重现率、坡度、牲畜密度、冬春超载率、产草量、地区 GDF 和农牧民纯收入等 9 项雪灾风险因子，并对三江源地区雪灾综合风险评价与区划（王世金等，2014）。刘峰贵等以青藏高原为研究区，考虑潜在雪灾、历史雪灾、承险体物理暴露、敏感性和应灾能力等方面建立青藏高原雪灾风险评估的指标体系，综合评估了青藏高原雪灾的风险（刘佩，2012；LIU Fenggui 等，2014）。王建刚等用新疆北部阿勒泰站 1954—2010 年资料，分析致灾大雪 5 个气候因子的概率风险。在模糊信息扩散理论初步分析的基础上，进行综合分析试验。发现冬季大雪（≥6mm）日数、最大雪深、日最大降雪量、冬季降雪量、大于等于 10cm 雪深日数的理论分布模型，具有 Gamma 分布特征（王建刚等，2014）。梁凤娟等分析了巴彦淖尔地区降雪量大于等于 3mm 的降雪日数和积雪深度大于等于 5cm 的积雪日数年代际变化，结合民政部门历史灾情记载、实地调查、农牧业现状以及各种基础资料数据与 GIS 技术，采用加权综合与层次分析法，对巴彦淖尔地区雪灾风险区划（梁凤娟等，2014）。综上所述，目前牧区雪灾风险评价方面的研究取得了一定的进展，但是仍然缺少业务化服务的风险评价模型。

### 五、雪灾监测评估应用系统研发

在国外，已开展多灾种的灾害管理与风险评价系统研究。例如，美国联邦应急管理局（FEMA）与国家建筑科学研究院（NIBS）合作开发了基于 GIS 平台的多灾种风险评估软件包 HAZUS－MH，欧洲空间观测网络（ESPON）在欧盟地区开展了全面考虑自然灾害和技术灾害的多灾种综合风险评估系统（明晓东，2013）。但是单雪灾方面的研发系统较少。

在国内，早期的研究有郝璐等（2005）应用 GIS 技术，对草地畜牧业雪灾系统型数据库模块、雪灾时空格局分析模块及雪灾脆弱性评价模块进行了详细的分析，并设计研发了基于 GIS 的北方草地畜牧业雪灾评估信息系统。包玉海等（2010）利用 GIS 和遥感技术对牧区的牧户草场、房屋、棚圈等资料进行分析处理，结合气象资料及地形环境和社会经济资料建立了最小统计单位为牧户级别的牧区雪灾风险管理信息系统。青海省气象局（2004）采用卫星遥感监测、计算机自动处理、数值预报等技术，建立了一个内容丰富、功能齐全、针对性和实用性强、自动化程度高的青海省干旱、雪灾监测和预测、评估服务系统。国家卫星气象中心（2005）雪灾监测与粗评估系统集多种功能于一体，既能进行 NOAA/FY1-C 极轨卫星的单轨浏览与局地数据提取，也能对局地数据进行云/雪判识与图像处理。在该基础上，还可以叠加地表类型，计算三种不同覆盖程度的草地的积雪覆盖面积，结合其他有关资料，对雪灾做出评估与分析。目前，在雪灾监测与评估应用系统建设方面，雪灾有关的相关部门和行业依自己业务需求建立了雪灾监测与评估系统，如民政部的"面向多类型雪灾和灾害管理业务化应用的灾害评估系统"（吴玮等，2013）。兰州大学的梁天刚等（2014）利用 Terra 环境遥感卫星新型传感器 MODIS 资料，研究北疆牧区草地畜牧业雪灾抗灾能力评价指标体系，建立北疆牧区冬春季雪灾期间草地和积雪遥感监测、灾情危害预测和雪灾损失评价模型及信息管理系统。目前仍然缺乏业务化服务的雪灾监测、预警和评估模型及实用决策信息系统。

# 第二章　内蒙古积雪时空动态 及其气候响应研究

　　传统上利用气象台站观测资料，统计分析插值后掌握积雪的时空动态，在国内，利用气象站点的降雪量、雪深等观测资料揭示了我国平均积雪日数和雪深时空分布的基本规律，初步评价了我国季节性积雪的分布特征，完成了我国雪灾区划图（胡汝骥等，1982；1987；李培基等，1983；1988）。但是，传统的监测方法由于气象台站分布不均匀，基本一个旗县一个站点，反映整个区域的实际积雪状况较困难。近些年，随着光学遥感和微波遥感技术的发展，利用遥感数据监测积雪动态能够弥补传统积雪观测的不足，已成为快速大范围积雪动态监测的有效手段。

　　近40年，光学积雪遥感在制图方面具有相对成熟的积雪分类和提取算法（Dozier J 等，2004），且有多种积雪产品。但是由于光学遥感受到云的干扰，积雪的每日产品应用于区域积雪观测以及制图时会带来一定的误差（Hall D K 等，2007；Wang X 等，2008）。另外，被动微波遥感不受云的干扰和时间分辨率高的特性，对地表下垫面有一定的穿透深度，因此在积雪日数、初雪日期和终雪日期以及雪深等积雪参数的动态监测方面有较好的应用。Che 等（Che T 等，2008）利用修正后的 Chang 被动微波"亮温梯度"算法，提取中国雪深长时间序列数据集（1978—2012 年），其料空间分辨率为 25km。白淑英等（2014）利用中国雪深长时间序列数据集（1979—2010 年）逐日被动微波雪深数据和同期气象资料，对近 32 年的西藏雪深时空变化特征及其气候因子的响应关系进行了分析。目前对内蒙古地区的长时间序列的积雪参数时空动态方面的研究相对少一些。因此，本研究利用光学遥感 MODIS8 日合成产品监测近 10 年内蒙古的积雪面积，采用中国雪深长时间序列数据集（1978—2012 年）逐日被动微波雪深数据，对近 35 年内蒙古的积雪日数和雪深等积雪参数的时空动态监测及气候变化响应进行了分析。

# 第一节　内蒙古积雪面积时空变化及其气候响应研究

积雪是地球表层覆盖的重要组成部分，就全球和大陆尺度范畴而言，大范围积雪影响气候变化、地表辐射平衡与能量交换、水资源利用等；就局域和流域范畴而言，积雪影响天气、工农业和生活用水资源、环境、寒区工程等一系列与人类活动有关的要素。积雪的分布以及积雪随时间和地区的变化已越来越受到国内外学者的重视。国外利用微波雷达图像和可见光卫星遥感资料对积雪与可见光、近红外、热红外及微波之间相互作用的机理及其电磁波谱特性已有研究，也提出了一些监测积雪特征因子空间变化的模型与方法。但是在不同区域的积雪监测与评价方面仍有不少问题有待进一步研究。我国也有不少学者先后对不同区域的积雪覆盖进行了监测与研究。延昊利用NOAA 气象卫星 1.6μm 红外波段，对中国北方冬季的卫星积雪图像进行识别，并对积雪深度进行了精度检验。张学通等对新疆北部地区 MODIS 积雪遥感数据 MOD10A1 进行了精度分析。仲桂新等利用 MODIS 积雪产品（MOD10A2、MOD10C2）和 Aqua/AMSR-E 雪水当量产品，分析了东北地区积雪覆盖面积的变化特征，以研究区气象站点观测的积雪数据为真实值来验证两种产品积雪信息的精度，探讨了云覆盖、土地利用类型和雪深对积雪覆盖精度的影响。韩兰英等利用 EOS/MODIS、NOAA 资料以及气象资料应用线性光谱混合模型提取像元内积雪所占比例分析祁连山积雪面积时间、空间分布及其气候响应。陈晓娜等利用 MOD02 HKM 数据通过线性光谱混合模型（LSMMLinear Spectral Mixing Model）对研究区 MODIS 影像进行了像元分解从中提取积雪面积信息并进行精度评价。一些研究者利用被动微波遥感SSM/I 数据对青藏高原的雪深进行反演并进行了结果评价。李金亚等利用MODIS 和 AMSR-E 数据构建草原积雪遥感监测模型以日为监测单元以旬为多日合成时段对中国 6 大牧区在 2008 年 10 月上旬至 2009 年 3 月下旬间的草原积雪覆盖范围进行监测，并对监测结果进行了检验以此说明 MODIS 与AMSR-E 数据在雪灾监测方面协同监测的可行性。而长时间序列对内蒙古地区积雪覆盖的监测研究相对较少。

## 一、数据源及研究方法

### 1. 数据来源

监测积雪面积的研究主要是利用了光学遥感数据 MODIS 产品中的

MOD10，它是陆地 2 级、3 级标准数据产品，内容为积雪覆盖，每日数据为 3 级数据，空间分辨率 500m，旬、月数据合成为 3 级数据，空间分辨率 500m；Terra 卫星的主要积雪产品有 MOD10A1、MOD10A2、MOD10L2、MOD10CM、MOD10C1 和 MOD10C2；Aqua 卫星的主要积雪产品有 MYD10A1、MYD10A2、MYD10L2、MYD10CM、MYD10C1 和 MYD10C2。其中，MOD10L2 和 MYD10L2 是一种分轨产品 2 级数据，空间分辨率为 500m。MOD10A1 和 MYD10A1 是每日积雪覆盖 3 级产品数据，空间分辨率为 500m。MOD10A2 和 MYD10A2 是由对应的每日积雪产品每隔 8 日按分块合成的 8 日积雪覆盖 3 级产品，空间分辨率为 500m。MOD10C1 是逐日积雪覆盖率产品，利用 MOD10A1 生成的气象模型格网数据，分辨率为 0.05°。MYD10C1 是逐日积雪覆盖率产品，利用 MYD10A1 生成的气象模型格网数据，分辨率为 0.05°。MOD10C2 是利用 MOD10A2 生成的 0.05°气象模型格网数据，是全球 8 日合成积雪覆盖率产品。MYD10C2 是利用 MYD10A2 生成的 0.05°气象模型格网数据，是全球 8 日合成积雪覆盖率产品。MOD10CM 和 MYD10CM 是利用对应的逐日积雪覆盖率产品合成生成的月平均积雪覆盖率产品。内蒙古地区的 500m 分辨率的影像所在区域为 h25v03、h25v04、h25v05、h26v03、h26v04、h26v05 等 6 景影像组成。

本研究利用的是 MODIS 的 8d 合成积雪产品 MOD10A2，从美国国家雪冰中心网站下载 2003—2012 年 10 个积雪季共 1380 景影像。

2. 研究方法

本研究月积雪面积提取时，采用了最大合成法，反映 1 个月内积雪面积的最大覆盖范围。把每期的 MOD10A2 产品数据预处理完后，每个月的 3 期或 4 期的积雪产品进行叠加合成，形成内蒙古月积雪分布图。合成规则见表 2-1，当一个像素在每月的 4 期影像当中都无雪，则将其标记为出现频率最多，且除云以外的某种地物。如果该像素在每个月的 4 期影像当中有 1 期或 1 期以上被积雪覆盖时，则标记为有雪。

提取内蒙古长时间积雪覆盖区域时，采用近 10 年的 60 个内蒙古月积雪覆盖影像，在每个月的积雪覆盖影像的各像元有积雪赋给 1 无雪赋给 0 值，并对 60 个月的各像元的值进行加和平均得到近 10 年内蒙古长时间积雪覆盖区域图。图例接近 1 的表示积雪覆盖时间比较长，长时间积雪覆盖区域定义为近 10 年各像元平均值大于 0.8，也就是在近 60 个月当中 48 个月以上都是积雪覆盖的像元（图例的 0.8 以上区域）。

表 2-1　MOD10A2 积雪产品月合成规则

Tab. 2-1　Compositing rules for MOD10A2 snow cover product

| MOD10A2 | MOD10A2 | | | | | |
|---|---|---|---|---|---|---|
| | 0\ 1\ 4\ 11\ 254\ 255 | 25（陆地） | 37（水体） | 50（云） | 100（积雪覆盖的湖冰） | 200（积雪） |
| 200（积雪） | 200 | 200 | 200 | 200 | 200 | 200 |
| 100（积雪覆盖的湖冰） | 100 | 100 | 100 | 100 | 100 | 200 |
| 50（云） | 50 | 25 | 37 | 50 | 100 | 200 |
| 37（水体） | 37 | 37 | 37 | 37 | 100 | 200 |
| 25（陆地） | 25 | 25 | 37 | 25 | 100 | 200 |
| 0\ 1\ 4\ 11\ 254\ 255 * | 0 | 25 | 37 | 50 | 100 | 200 |

注：*0\ 1\ 4\ 11\ 254\ 255 分别代表传感器数据丢失、不确定、错误数据、夜晚或传感器停止工作或在极地区域、传感器数据饱和及填充数据

变化趋势分析如下。

要反映内蒙古的积雪面积和雪深总体变化情况，采用了年平均值法，并变化趋势用了一元线性回归方程式 $y=a+bx$ 来反映。其方程中斜率 b 表示倾向率，b>0 表示随时间增加的趋势，b < 0，表示随时间减少的趋势。

## 二、结果与分析

### 1. 积雪面积动态

（1）积雪面积年内变化。近 10 年内蒙古平均的逐月年内变化图（图2-1）揭示，年内最大积雪平均面积达 $6.157×10^5 km^2$，发生在 1 月，年内平均积雪面积最小的月，则发生在 10 月，其面积约 $1.42×10^5 km^2$。积雪年内变化从 10 月开始积累，1 月之前积雪面积波动地上升，1 月之后是积雪面积消融阶段。

空间上，近 10 年内蒙古的乌珠穆沁盆地、呼伦贝尔高原和大兴安岭西麓等地区 10 月开始降雪，1 月之前，积雪面积不断增加，积雪覆盖内蒙古的中西部和东北部（图2-2），属于积雪积累阶段，1 月之后积雪覆盖面积不断减少属于积雪消融阶段。内蒙古乌兰察布草原和锡林郭勒草原的年内积雪面积变化的波动比较大，主导着内蒙古的总体积雪面积波动。

近 10 年内蒙古逐月积雪面积变化揭示（图 2-3），内蒙古在 2002 年 12 月出现了最大积雪面积，约 $8.327×10^5 km^2$，在 2009 年 1 月时出现了最小积

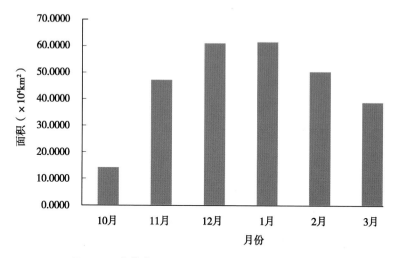

图 2-1 内蒙古近 10 年月平均积雪面积年内变化

**Fig. 2-1 Changes of average monthly snow cover area
within a year in the past 10 years of Inner Mongolia**

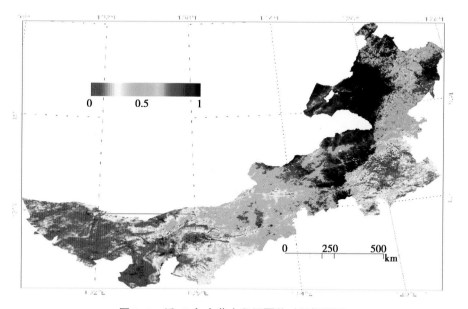

图 2-2 近 10 年内蒙古积雪覆盖时间指数图

**Fig. 2-2 Temporal index of snow cover in the past 10 years of Inner Mongolia**

雪面积，约 $5.526\times10^5km^2$。整体上，内蒙古积雪面积年内变化有单峰和双峰的波动特点。有单峰波动特点的年份是 2011 年、2008 年、2006 年 2005 年和 2003 年等。其中 2005 年和 2003 年的积雪面积最大的月份是 12 月，积雪面积在 10—11 月增加，1—3 月下降；2008 年和 2006 年积雪面积最大的月份是 1 月，积雪面积在 10—12 月为增加，2—3 月下降；2011 年的积雪面积最大的月是 2 月，2 月之前是积雪积累积雪面积不断增加，3 月积雪面积很快减少。积雪面积有双峰波动特点的年份是 2012 年、2010 年、2009 年、2007 年和 2004 年。其中 2012 年积雪面积的两个峰值出现在 12 月和 3 月，波谷出现在 2 月；2010 年积雪面积变化 10—11 月上升，12 月下降，1 月回升到最高点然后开始下降；2009 年积雪面积的两个峰值在 1 月和 3 月，波谷出现在 2 月；2007 年的积雪面积 10—11 月上升，11—1 月下降，2 月到最高点后又下降；2004 年，积雪面积 10—11 月上升到最高点，11—12 月下降，12—1 月回升，1—3 月下降。

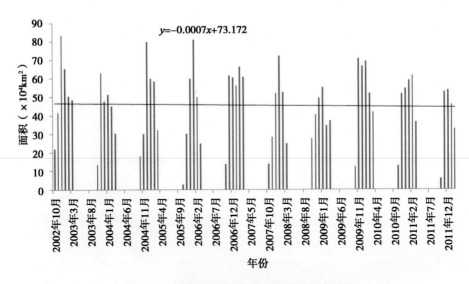

图 2-3 内蒙古近 10 年逐月积雪面积变化

Fig. 2-3 Changes of snow cover area month by month in the past 10 years of Inner Mongolia

（2）积雪面积年际变化。2003—2012 年，整体上研究区的积雪面积年际变化呈现稍微减少的趋势，每年平均减少率为 $7km^2$，减少率小于 1%（图 2-3）。

研究区近 10 年各月份年际变化揭示，积雪面积年际变化有增加的趋势的月份有 11 月和 3 月，其余月份呈现减少趋势的特征（图 2-4）。

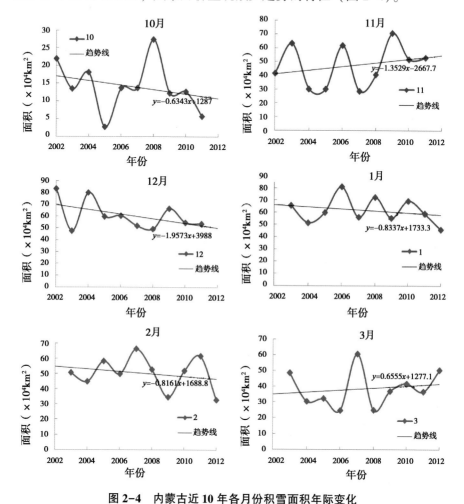

**图 2-4 内蒙古近 10 年各月份积雪面积年际变化**

**Fig. 2-4 Yearly changes of each month snow cover area in the past 10 years of Inner Mongolia**

10 月份的积雪面积年际变化是 2002—2005 年积雪面积波动下降达最低点，2005—2008 年积雪面积波动回升到最高点，达 $2.747 \times 10^5 \, \text{km}^2$，2008—2012 年下降；11 月的积雪面积年际变化是 2002—2011 年逐渐均匀的波动增加的趋势，2009 年的积雪面积最大，约 $7.088 \times 10^5 \, \text{km}^2$；12 月的积雪面积年际变化是 2002—2011 年积雪面积逐渐波动减少的趋势，2002 年的积雪面积最大，约 $8.327×10^5 km^2$；1 月份的积雪面积年际变化是 2003—2012 年，积雪面积逐渐波动减少的趋势，2006 年的积雪面积最大，约 $8.091×10^5 km^2$；2月份的积雪面积年际变化是 2003—2012 年积雪面积逐渐波动减少的趋势，其中 2003—2008 年波动较小，之后波动变大，2007 年的积雪面积最大，约 $6.633×10^5 km^2$；3 月份的积雪面积年际变化是 2003—2012 年的积雪面积逐渐增加的趋势，2007 年的积雪面积最大，约 $6.075×10^5 km^2$。

空间上，监测的 10 年内，乌珠穆沁盆地、呼伦贝尔高原和大兴安岭西麓地区长时间积雪覆盖，另外，内蒙古的积雪面积年际变化显著，积雪面积波动大的区域是乌兰察布草原和锡林郭勒草原。

2. 气候响应

近 30 年（1980—2010 年）内蒙古气温年际变化（图 2-5）有明显上升的趋势，其中每 10 年的平均增温率为 0.456℃，气温显著变暖。研究区气温为阶段性的波动上升，其中 1980—2000 年间波动周期和幅度比较大，这20 年来年均温度的最大值和最小值相差 2.3℃左右，平均温度最低的年份出现在 1984 年（3.25℃），平均温度最高的年份出现在 1998 年（5.58℃）；2000—2010 年间气温波动幅度和周期缩短，但总体趋势还是升温，平均温度最高的年份出现在 2007 年（5.96℃）。上述特征表明最近 30 年来内蒙古

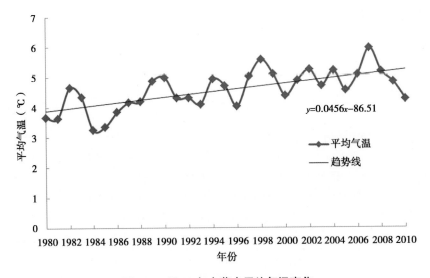

图 2-5　近 30 年内蒙古平均气温变化

Fig. 2-5　Averaged temperature changes in recent 30 years

气温年际变化有明显差异，变化幅度较大不稳定，明显上升的趋势。温度的上升引起暖冬化导致内蒙古积雪面积减少。这一结果与 IPCC 第四次评估报告指出的受全球变暖影响 21 世纪积雪面积预计将大范围减少的结论相一致。说明内蒙古积雪面积的变化受气温的影响很大。

## 三、讨论

国内外的研究表明，遥感技术应用于积雪监测具有极大的潜力。目前，MODIS 全球雪盖制图有一套成熟的算法。国内青藏高原和北疆地区的积雪面积时空特征研究比较多一些，而内蒙古的相对少一些，尤其长时间序列的积雪面积时空特征更少一些。本研究利用美国国家航空航天局提供的MODIS 的 8d 积雪合成资料来分析了内蒙古积雪覆盖面积的时空变化特征及气候响应，时间上，近 10 年内蒙古的积雪面积整体上有稍微减少的趋势，该结论与北半球积雪有减少的趋势一致。空间上，近 10 年大兴安岭西麓、呼伦贝尔高原以及乌珠穆沁盆地是长时间积雪铺盖区。该地区在积雪季节的80% 以上的时间都被积雪铺盖，应该合理规划草地利用方式，加强饲料储备，提高防灾能力。该地区也是雪灾重点监测的区域。其中锡林郭勒草原和乌兰察布草原的积雪面积变化主导着内蒙古的总体积雪面积的波动。该地区积雪面积波动较大，应做好降雪预报工作，草原牧民要调整生产方式，相关部门要部署、实施雪灾救助及预防工作。

前人研究表明，地表气温和降雪量变化是造成积雪面积减小的主要原因。内蒙古气温的明显上升引起暖冬化，可能导致积雪面积的减少，说明内蒙古积雪面积的减少主要受气温的影响。但积雪与气候响应的一些机理，如内蒙古积雪与降雪量、蒸散量和积雪日数的关系等尚待进一步深入研究。

## 四、结论

时间上，2002—2012 年内蒙古积雪面积年内变化整体上呈现双峰和单峰的波动特点，最大积雪面积发生在 12 月或 1 月份，最小积雪面积发生在10 月份。1 月份之前积雪面积波动为明显的增加趋势，1 月份之后为积雪消融阶段，积雪面积不断减少。内蒙古积雪面积年际变化呈现多波动的特点，整体上有稍微减少的趋势，其中每年平均减少量为 $7km^2$。研究区除了 11 月份和 3 月份以外积雪面积都呈现减少的趋势。每年积雪最大面积的变化呈现三峰的波动特点，最大积雪面积有下降的趋势。

空间上，近 10 年内蒙古长时间积雪覆盖区域主要分布在大兴安岭西麓、呼伦贝尔高原以及乌珠穆沁盆地。其中锡林郭勒草原和乌兰察布草原的积雪面积变化主导着内蒙古的总体积雪面积波动。

内蒙古气温的明显上升引起暖冬化，可能导致积雪面积的减少，说明内蒙古积雪面积的减少主要受气温的影响。

## 第二节　近 35 年内蒙古积雪日数时空变化及其气候响应研究

冰冻圈是气候系统五大圈层之一，在减少下垫面接收太阳短波辐射的同时，也阻碍着下垫面与大气的热量交换，且冰雪融化引起的水文效应也会改变下垫面的状况，冰雪对气温的作用显著，冰雪滞留时间的长短影响了气温的高低。

目前，研究积雪的资料包括地面观测资料和卫星遥感资料两类，地面观测资料主要是气象站等观测的积雪量、积雪日数和积雪深度资料。李培基等分析统计了全国近 1600 个气象站台资料，计算得出了多年平均积雪日数的分布状况，并绘制了 1∶400 万的地图。韦志刚等选取了青藏高原 72 个站台逐日观测的积雪深度数据，分析了青藏高原积雪的空间分布和年代际分布特征，得到青藏高原的积雪的年变程并不完全一致且存在三个积雪高值中心。卫星遥感类资料包括光学遥感所测的可见光遥感资料和微波遥感资料。刘俊峰等结合 MODIS 的 Aqua 和 Terra 积雪产品，获取了 2001—2006 年全国积雪日数分布，对比三大稳定区，得出新疆积雪的稳定性及连续性最好，东北—内蒙古地区次之，青藏高原的稳定性最差。萨楚拉等利用 MODIS 积雪产品（MOD10A2），分析了内蒙古积雪面积的时空分布特征及气候响应，得到了近 10 年内蒙古积雪面积年内变化呈现单峰和双峰的波动特点，且气温的上升引起了暖冬化，可能导致积雪面积的减少。田柳茜等利用微波遥感数据（SMMR、SSM/I、AMSRE），分析了青藏高原 1979—2007 年间积雪深度和积雪日数的分布变化及其趋势，青藏高原积雪在 1988 年发生突变，且青藏北部积雪变化与全国趋势相反呈极显著增加。

内蒙古高原积雪对内蒙古畜牧业和草原牧区草地畜牧业平衡可持续发展的重要性早为人们所重视。据统计内蒙古 27 年（1978—2004 年）间共有 66 个旗县发生了 468 次不同程度的雪灾，仅 2010 年的三起特大雪灾，全年受灾人数累计达 45.28 万，受灾牲畜累计达 424.7 万头（只），直接经济损失

8.01 亿元。因此准确监测积雪的变化，是草原牧区雪灾评估和风险评价研究的基础，是减轻雪灾的重要支撑。同时，积雪的变化会对区域气候的变化产生影响，有必要从时间和空间搞清楚积雪自身的变化，从而准确判断积雪对气候因子变化的影响。

由于雪深受局地因素影响很大，在反映我国积雪类型分区和分布特征上，积雪日数比积雪厚度更具代表性，积雪日数的计算主要依靠地面观测资料和微波遥感数据。本研究利用微波遥感雪深数据（SMMR、SSM/I 和 SSMI/S），依据 VC++ 6.0 语言提取积雪日数，并分析内蒙古高原 1979—2013 年积雪日数的线性变化特征，突变和异常值特征，小波周期变化；空间上的分布趋势和显著性特征以及气候响应分布特征。

## 一、材料与方法

### 1. 数据源及数据处理

本研究采用 1979—2014 年中国雪深长时间序列数据集提供的 1979 年 1 月 1 日到 2014 年 12 月 31 日逐日的中国范围的积雪厚度分布数据。用于反演该雪深数据集的原始数据来自美国国家雪冰数据中心（NSIDC）处理的 SMMR（1979—1987 年），SSM/I（1987—2007 年）和 SSMI/S（2008—2014 年）逐日被动微波亮温数据，其特点是针对不同传感器的亮温进行交叉定标来提高亮温数据在时间上的一致性。该数据集采用 EASE-GRID 和经纬度两种投影方式，空间分辨率为 25km，且利用了 SMMR、SSM/I 和 SSMI/S 等不同传感器通过交叉定标的方式提高了亮度温度数据在时间上的一致性，最后利用车涛在 Chang 算法基础上针对中国地区进行修正的算法进行雪深反演。

将雪深数据进一步处理以提取积雪日数数据。首先，采用 ARCGIS 软件将原始雪深数据转化成栅格数据，并把雪深数据统一转换为 Albers 投影，进而用内蒙古界限裁剪生成内蒙古逐日栅格雪深数据，空间分辨率为 25km。然后运用 ARCGIS 软件中的 Raster to Point 模块提取内蒙古地区的点数据。利用点专题数据在 ARCGIS 软件中的 Extract Multi Values to Point 模块，提取每年积雪季的雪深数据。运用 VC++ 6.0 语言编程按照积雪参数的定义来统计积雪季节的积雪参数，再利用 ARCGIS 软件里点数据和统计的积雪参数的 Excel 表格连接以及 Point to Raster 模块得到内蒙古的积雪日数的专题地图。

由于内蒙古积雪具有极强的季节性特征，主要分布在冬春两季，因此本研究将当年 10—12 月和翌年的 1—3 月的积雪日数算作每年的积雪日数，如

1979 年积雪日数数据为 1979 年的 10—12 月和 1980 年的 1—3 月算为 1979 年的积雪日数。

2. 研究方法

（1）线性变化趋势分析。为全面深入的了解内蒙古的积雪动态，将逐日的微波数据提取积雪日数采用平均值法计算和统计研究区所有积雪日数像元在全年的变化，得到内蒙古积雪日数的序列。采用一元线性回归分析，构建积雪参数 $y_t$ 为积雪日数与时间序列 $x$ 的线性回归方程如下：

$$y_t = ax + b \tag{2-1}$$

式中，a 为变化趋势，a>0 和 a<0 分别表示积雪日数随时间的增加和减少。

（2）突变分析。气候突变是气象变化过程中存在的不连续现象，常用累计距平曲线确定，其计算公式为：

$$C(t) = \sum_{i=1}^{t} (X_i - \overline{X})$$

式中，$X_i$ 为历年积雪日数，$\overline{X}$ 为多年（1979—2013 年）的平均积雪日数。

为检验转折年份的是否达到了突变的标准，对转折年份计算其信号比，计算公式如下：

$$\frac{S}{N} = \frac{|\overline{X_1} + \overline{X_2}|}{S_1 + S_2}$$

式中，$\overline{X_1}$，$\overline{X_2}$ 和 $S_1$ 和 $S_2$ 分别表示突变前后两个阶段积雪日数的平均值与标准差。$S/N$ 大于 1.0 时认为存在气候突变，最大信号比出现的时间为气候突变时间。

（3）异常值分析。本研究以距平大于标准差 2 倍为异常，大于标准差 1.5~2 倍为接近异常来判断内蒙古高原积雪日数的异常特征。

（4）小波分析。20 世纪 80 年代初，由 Morlet 提出的一种具有时间—尺度（时间—频率）多分辨功能的小波分析，它能清晰的揭示出隐藏在时间序列中的多种变化周期，充分反映系统在不同时间尺度中的变化趋势，并能对系统未来发展趋势进行定性估计。在时间序列研究中，小波分析主要用于时间序列的消噪和滤波，信息量系数和分形维数的计算，突变点的监测和周期成分的识别以及多时间尺度的分析等。由于小波分析对信号处理中的特殊优势，目前在气候序列的时间—尺度（时间—频率）结构分析中应用较广。

（5）GIS 空间分析。以 ARCGIS 10.1 为计算平台，进一步从空间上研究内蒙古积雪变化的区域差异性和异常值变化，采用线性法，对逐像元的积雪日数数据与对应年份进行回归分析；并运用 $t$ 检验来分析积雪日数的变化趋势，并分析其变化的显著性水平。区域差异性和异常值变化用到了最小二乘法线性变化趋势，二者公式分别如下：

$$slope = \frac{n \times \sum\limits_{i=1}^{n} i \times X_i - \sum\limits_{i=1}^{n} i \sum\limits_{i=1}^{n} X_i}{n \times \sum\limits_{i=1}^{n} i^2 - \left(\sum\limits_{i=1}^{n} i\right)^2}$$

式中，$n$ 为年份，$X_i$ 为逐年的积雪日数。

## 二、结果与分析

### 1. 内蒙古积雪时间变化

（1）内蒙古积雪年际及代际变化。由于内蒙古地区每年受北部蒙古高原和西伯利亚冷空气的影响程度不同，积雪深度所表现出的时间特性也有很大的差异。

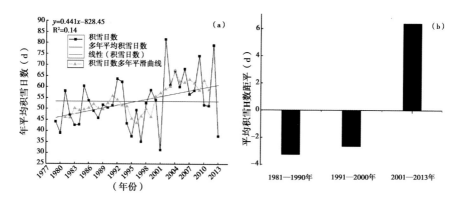

图 2-6 1979—2013 年的年均雪深和积雪日数年际及代际变化

Fig. 2-6 Annual（a）anddecadal anomaly（b）variations of snow days during 1979 to 2013

如图 2-6（a），35 年来，内蒙古高原年均积雪日数维持在 31~82d，积雪日数年际变化最大相差 51d。其中 2002 年最大（82d），2001 年最小（31d），平均值为 53d，标准差为 12d，波动振幅很大。其线性变化表明：1979—2013 年内蒙古高原积雪日数与雪深的变化相反，呈显著增长趋势，气候倾斜率为 4/10a，通过 P<0.05 的显著性检验。

由积雪日数五年平滑曲线可知，内蒙古积雪日数在 1996 年后积雪日数表现为明显上升趋势，波动振幅很大，标准差为 12d，且 2000 年以后波动较小，平滑的标准差为 3d。

从图 2-6（b）可知，20 世纪 80 年内蒙古积雪日数较多，距平达到 -3.3d，有 7a 为负距平，其中 1983 年和 1984 年负距平均为 -11d，远小于标准差，且只有 1986 年接近标准差；20 世纪 90 年代，内蒙古积雪日数偏少，距平为 -2.7d，有 6a 为负距平，只有 1992 年积雪日数正距平为 10d 远大于标准差；21 世纪以后，积雪日数整体波动大，整体为增长态势，距平为 6.4d，有 9a 为正距平，其中 2002 年，2009 年和 2012 年正距平分别达到 28d，21d 和 25d，远大于标准差。

（2）内蒙古积雪突变分析。由内蒙古 35 年的积雪日数累计距平值，结果发现年均雪深在 2001 年发生转折，累计距平值达到 -105d，且信噪比达到 0.63。这很好地印证了前面积雪日数在进入 21 世纪增加的代际分布特点。

表 2-2　1979—2013 年内蒙古高原积雪日数异常年份

Tab. 2-2　Anomalous of annual snow days over Inner Mongolia plateau during 1979 to 2013

| 时段（年） | 接近异常 | 异常 |
|---|---|---|
| 积雪日数 | 1997（-）2001（-）2009（+） | 2002（+）2012（+） |

（3）内蒙古积雪异常值分析。由表 2-2 可知，内蒙古积雪日数异常偏多发生在 21 世纪以后，即 2002 年、2009 年和 2012 年，较多年平均积雪日数分别偏多 28d、21d 和 25d。积雪日数异常偏少值在 20 世纪 90 年代只发生了一次，即 1997 年，较多年平均积雪日数少了 18.4d，21 世纪后发生一次，即 2001 年，较多年平均积雪日数偏少 22d。2001 年积雪日数偏少与 1997 年春季和 2001 夏季旱灾发生的时间点保持一致，导致积雪日数的缩减和水分储备不足，严重阻碍了内蒙古农牧业的发展。

（4）小波分析。运用内蒙古高原积雪日数资料作周期诊断分析，可以观察到周期变化的多层次性，从而体现出小波分析的多分辨性优势。

对内蒙古高原 1979—2013 年的积雪日数做小波变换（图 2-7），图中实线代表正相位（实部>0），虚线代表虚部，代表负相位（虚部<0），清晰地

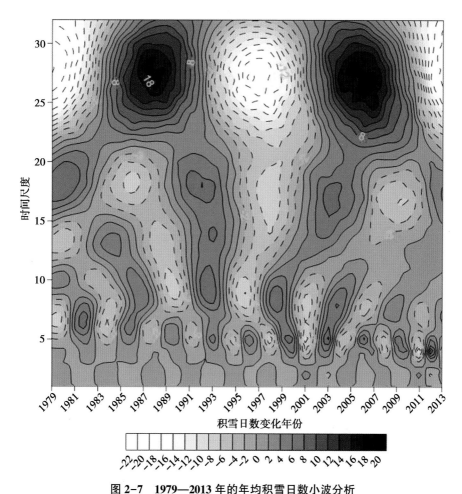

图 2-7 1979—2013 年的年均积雪日数小波分析

Fig. 2-7 Wavelet analysis of annual average snow days over
Inner Mongolia plateau during 1979 to 2013

显示了小波变换系数实部的波动特性，即具体反映了研究区积雪日数的偏多偏少的交替性特征，等值线中心对应的时间尺度为序列变换的主周期。研究区积雪日数（图 2-7）的周期存在准 5 年、准 8 年、准 18 年和准 27 年的年代际周期，准 8 年的周期主要从 20 世纪 80 年代持续到 2004 年左右，积雪日数的准 5 年、准 18 年和准 27 年的周期始终贯穿 35 年。

小波方差图能反映波动能量随时间尺度的分布，即一个时间序列中各种时间尺度（周期）及其强弱（能量大小）随尺度的变化特征。根据内蒙古高原年积雪日数序列不同频率的小波方差分析：内蒙古高原积雪日数在第5、第8、第18和第27年的小波方差峰值明显，说明5年、8年、18年和27年是该时间序列的特征周期，其中5年左右的振荡周期最强，说明5年尺度为内蒙古高原积雪日数变化的主周期。

2. 内蒙古高原积雪空间分析

（1）内蒙古高原积雪空间变化。由于内蒙古地域广，东西跨度大（经度约30°），且各地所处纬度和海拔差异大，使得内蒙古高原积雪分布有明显的空间地域性特征，同时积雪的分布也受到地形因子和气候因素的显著影响。

多年平均积雪日数的分布在呼伦贝尔市、兴安盟和锡林郭勒盟分别为129d、80d和60d，均多于研究区平均积雪日数（53d），其余盟市均低于平均水平。积雪日数的多少受地形和水汽输送的影响尤为明显（图2-8）。

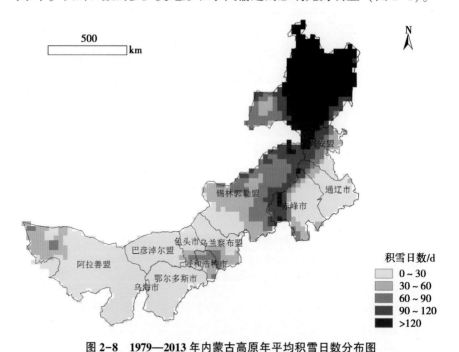

图2-8 1979—2013年内蒙古高原年平均积雪日数分布图

Fig. 2-8 Spatial distribution of annual average snow days over Inner
Mongolia plateau during 1979 to 2013

内蒙古积雪的空间分布与地形变化存在一定的关系。海拔越高，气温越低，积雪融化的速度延缓，从而影响积雪滞留的天数。内蒙古海拔最低点在

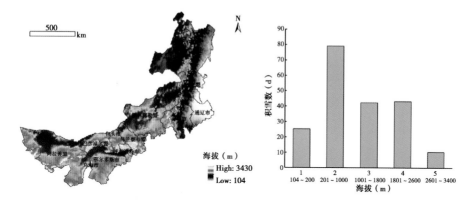

图 2-9　内蒙古高原 DEM（左）及其积雪日数（右）分布
Fig. 2-9　DEM（left）and the distribution of snow depth（right）over Inner Mongolia plateau

东南部的西辽河流域，最高点在西部的贺兰山（图 2-9）。

将内蒙古的海拔按 104～200m，201～1000m，1001～1800m，1801～2600m，2601～3430m 分为五段，统计得到多年平均积雪天数分别为 25.2d，79.2d，42.2d，43.2d，10.3d。雪深受海拔的影响明显，海拔在 200m 以上雪深陡增，1000m 以上又出现下降，201～1000m 的海拔在内蒙古的分布很特殊，包括东部的呼伦贝尔市，大兴安岭的部分区域，兴安盟，通辽市，赤峰市和中部锡林郭勒盟东北部，这些地区正是受蒙古高原和西伯利亚冷空气影响最深的地区，也是东亚与太平洋之间水汽输送的必经之地。因为内蒙古西部海拔较高，且积雪日数较少，因此并没有呈现明显的陡坎效应。

（2）内蒙古积雪空间变化趋势。由图 2-10a 可知，内蒙古高原积雪日数的年际倾向率维持在-1.31～3.13d/年之间，其中绝大部分的积雪日数倾向变化率在 0～0.8d/年的范围内，占研究区的 63%。-1.31～0d/年之间的占15.3%，是研究区唯一呈减少趋势的区间，主要分布在呼伦贝尔高原和大兴安岭，锡林郭勒盟的东北部和东南部以及西部阿拉善盟的黑河水流域；0.8～1.6d/年之间的积雪日数变化倾向率分布呼和浩特市、鄂尔多斯市、包头市和乌兰察布市，占 17.1%。积雪日数倾向率在 0.16～3.13d/年的占4.6%，仅分布在呼伦贝尔市的满洲里—新巴尔虎右旗和赤峰市。

逐像元的分析积雪日数的显著性变化趋势表明（图 2-10b），内蒙古高原呈增加趋势的像元占 84.7%，呈减少趋势的像元占 15.3%，呈增加趋势

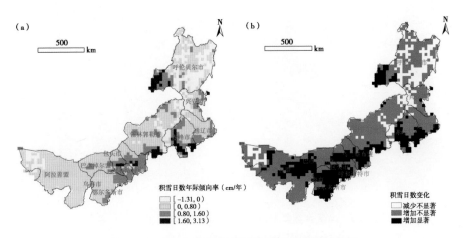

**图 2-10    1979—2013 年内蒙古积雪日数变化趋势**

（a）积雪日数年际倾向率空间分布

（b）积雪日数变化显著性水平空间分布

**Fig. 2-10    Spatial distributions of snow days change trend**

（a）Inter-annual trend rate of snow cover days

（b）Significance level of snow cover days change

的像元远高于呈减少趋势的，其变化趋势与年际倾向率趋同。积雪日数呈显著增长趋势的像元占 26.4%，主要分布在内蒙古中西部地区。呈不显著增长趋势的像元占 58.3%。呈不显著减少趋势的像元最少，仅占 15.3%。

3. 内蒙古积雪对气候的响应分析

（1）积雪与气候统计分析。根据内蒙古高原 1979—2013 年的雪深与积雪参数的变化，分别与同时期全区 48 个气象站点的降水、气温、风速、日照时数和平均相对湿度进行相关性分析和多元回归分析，雪深和积雪日数与气候因子的相关性如表 2-3。

**表 2-3    雪深和积雪日数与气候因子统计分析结果**

**Tab. 2-3    Statistical analysis result of snow days with climate factors**

| 统计项 | 降水 | 气温 | 风速 | 日照时数 | 平均相对湿度 | 复相关系数 |
|---|---|---|---|---|---|---|
| 雪深 | 0.452** | -0.768** | -0.382** | -0.627** | 0.729** | 0.825** |

** 表示通过 0.01 的显著性检验

由表 2-3 可知，积雪日数与降水和平均相对湿度呈显著正相关，降水越多，平均相对湿度越高，积雪日数就越长；积雪日数与气温，风速和日照时数呈显著负相关，气温越高，风速越快，日照时数越多，积雪日数越短；积雪日数与气温的相关性要高于雪深与降水、风速、日照时数和平均相对湿度，说明影响内蒙古积雪日数的主要因素是气温，同时积雪日数与日照时数和平均相对湿度的相关系数也均超过0.5，明显受到这两个气候因子的影响。

为了更好地揭示气候因素对积雪日数的影响，在相关性分析的基础上，对积雪日数分别与降水、气温、风速、日照时数、平均相对湿度进行多元回归分析模拟积雪日数。结果表明，积雪日数的模拟值与实测值均很高，复相关系数为0.825，且均通过0.01的显著性检验。可见积雪日数的变化明显受到气候因素的影响，且与气温、日照时数和平均相对湿度的变化明显相关。

（2）积雪与气候的相关性分析。由ARCGIS 1979—2013年内蒙古48个气站点的平均积雪日数、分析积雪日数与降水、气温、风速、日照时数和平均相对湿度相关的显著性水平，分析空间相关性结果（图2-11），可以得到：

图2-11 内蒙古雪深与气候因子空间相关分析结果

Fig. 2-11 Spatial correlation analysis result of snow days and climate factors over Inner Mongolia

①83.3%的站台积雪日数与降水呈正相关。显著区分布在内蒙古的东部和中部，包括满洲里、新巴尔虎左旗、新巴尔虎右旗、索伦、乌拉浩特、东乌珠穆沁旗、扎鲁特旗、巴林左旗、开鲁、通辽、翁牛特旗、集宁、海力素和拐子湖。

②93.7%的站台积雪日数与气温呈负相关，呈显著相关的站台数占45.8%，主要分布在内蒙古中部和东部。

③积雪日数与风速呈负相关的站台数占81.2%，达到显著性水平的有16个站台。

④积雪日数与日照时数呈负相关，占站台数的81.2%，其中达到显著性水平的有6个站台，分布在图里河、阿巴嘎旗、苏尼特左旗、朱日和、达尔罕联合旗、海力素。还有两个站台积雪日数与日照时数呈显著正相关，分布在内蒙古东北部的阿尔山和大兴安岭。

⑤积雪日数与平均相对湿度呈正相关，占站台数的91.7%，达到显著性水平的站台占62.5%。

## 三、结论

（1）1979—2013年内蒙古高原积雪日数呈显著增长趋势（$P<0.05$），1996年后积雪日数表现为明显上升趋势。2000年以后，积雪日数的波动较小。

（2）内蒙古积雪日数的突变年份是2001年。积雪日数偏多和偏少年份也都发生在21世纪初，其中2002年（28d）和2001年（22d）年分别是35年来的偏多和偏少的最大值。

（3）由小波分析可知，内蒙古高原积雪日数的振荡周期均在5年左右最强，表明5年尺度为内蒙古高原积雪日数变化的主周期。

（4）受地形和水分的影响，内蒙古积雪日数高值均分布在东北部的呼伦贝尔高原和大兴安岭，锡林郭勒东北部地区和锡林郭勒东部与赤峰市西部的交接地带。低值区主要分布在西部盟市，包头市—巴彦淖尔市—鄂尔多斯市—阿拉善盟一线。201~1000m的海拔积雪日数均最高。

（5）积雪日数倾向变化率在0~0.8d/年的范围内，占研究区的63%；积雪日数增加趋势的像元占84.7%，有减少趋势的像元仅占15.3%。

（6）积雪日数与降水、气温、风速、日照时数和平均相对湿度均存在明显的统计和空间相关关系，积雪日数均与降水和平均相对湿度呈正相关，而与气温、降水和风速呈负相关。多元回归分析模拟积雪日数的模拟值和实测值复相关系数达到 0.825，且均通过 0.01 的显著性检验。

## 四、讨论

由于研究积雪的方法，获取的数据资料和时空的差异，得到积雪日数的时空变化特征差异明显。内蒙古积雪的滞留天数不仅受到气温、日照时数和平均相对湿度的主要影响，而且也受到地形（海拔、坡向）的影响，此外，受降水显著影响的站台主要分布在内蒙古的东部和中部，受风速显著影响的站台主要分布在内蒙古的西部。前人研究表明，积雪日数受季节支配的分布很显著，且主要受到降水和气温的影响。而本研究得到，内蒙古地区积雪日数与气温、日照时数和平均相对湿度的相关性较降水更强，与气温相关性最强表明，气温的上升是引起内蒙古积雪日数减少的主要原因，同时日照时数的增加和风速的增强同样会减少积雪日数。在充分考虑内蒙古地形因素及其气候特征的情况下，如何提高积雪参数的分辨率来分析其时空变化特征及其与驱动因子的关系，还有待进一步的研究。

## 第三节　近35年内蒙古雪深时空变化及其气候响应研究

积雪是地球冰冻圈的重要组成部分，对调节全球气候，水能循环和能量平衡都具有极其重要的意义。此外，积雪融水是草原干旱及半干旱地区重要的水源补给，与农牧业的发展关系密切，同时积雪深度、积雪面积、持续时间、初雪日期、终雪日期、需水当量和积雪反照率等积雪参数是生态水文模型及全球气象模型预测的重要输入参数。

我国早期的积雪资料主要来自于气象站的观测，但是由于气象观测站点的分布不均匀，受气象资料代表性等条件限制，对积雪的变化很难有宏观上的把握。而卫星遥感和地理信息系统的日益发展，为积雪实时动态监测提供了有效的观测手段。微波遥感数据穿透力强的优点，较 MODIS 和 NOAA 监测的雪深数据而言，解决了受云层干扰的问题，同时全天候的地表观测信息，使微波遥感成为目前积雪观测在长时间序列与空间尺度的重要信息源。白淑英等利用 1979—2010 年逐日中国雪深长时间序列数据集，采用 GIS 空间分析和地表统计方法，分析了青藏高原雪深的时空变化规律及异常空间分布特征。袁雷等利用 AMSR-E 微波数据判别了内蒙古雪盖的像元，与传统通过地面气象站的区域代表的有限性和不均匀性相比优势明显，且用 NSIDC MODIS 8d 的冰雪产品 MYD10A2 数据进行了精度验证。李小兰等通过对比中国地区微波遥感监测与地面气象站观测的资料，发现这两种资料在积雪稳定区的变化较为一致，而对于季节性积雪区且雪深不大的地区，二者差异较大。车涛等利用 SSM/I 修正算法计算了我国西部地区的雪深，并利用 MODIS 积雪产品对冬季 90d 的微波积雪数据进行了精度评价，总体精度平均达到 86.4%，最高精度达到 95.5%，Kappa 系数均值为 65.5%，最大值达到 86.2% 。田柳茜等采用美国国家冰雪数据中心（NSIDI）提供的被动微波遥感数据分析了青藏高原 1979—2007 的积雪深度及积雪日数的变化，青藏高原南部雪深与全国积雪变化一致呈极显著减少趋势，主要原因是东南部春、夏、秋三季积雪深度的减少。近年来，随着全球变暖以及气候异常现象的频发，内蒙古高原气候的变化较为剧烈，气候因子对积雪的影响较大，而针对内蒙古高原长时间序列和驱动因子的研究还较少。因此，本研究综合 1979—2014 年长时间序列的微波遥感数据、DEM 和内蒙古地区 48 个气象站台的气象观测数据（降水、气温、风速、日照时数和平均相对湿度），运用小波分析、GIS 空间分析和多元回归分析等方法探讨内蒙古雪深近 35 年的时空变化特征及其与气候的响应关系，对揭示内蒙古积雪的驱动力气候因子具有重要意义。

## 一、材料与方法

### 1. 数据源及数据处理

本研究采用 1979—2014 年中国雪深长时间序列数据集提供的 1979 年 1 月 1 日到 2014 年 12 月 31 日逐日的中国范围的积雪厚度分布数据。用于反演该雪深数据集的原始数据来自美国国家雪冰数据中心（NSIDC）处理的 SMMR（1979—1987 年）、SSM/I（1987—2007 年）和 SSMI/S（2008—2014 年）逐日被动微波亮温数据，其特点是针对不同传感器的亮温进行交叉定标来提高亮温数据在时间上的一致性。该数据集采用 EASE-GRID 和经纬度两种投影方式，空间分辨率为 25km，且利用了 SMMR、SSM/I 和 SSMI/S 等不同传感器等通过交叉定标的方式提高了亮度温度数据在时间上的一致性，最后利用车涛在 Chang 算法基础上针对中国地区修正的算法反演了雪深，并结合该数据对雪深数据做了进一步处理。

首先，采用 ARCGIS 软件将原始雪深数据转化成栅格数据，并把雪深数据统一转换为 Albers 投影，进而用内蒙古界限裁剪生成内蒙古逐日栅格雪深数据，空间分辨率为 25km。然后运用 ARCGIS 软件中的 Raster to Point 模块提取内蒙古地区的点数据。利用点专题数据在 ARCGIS 软件中的 Extract

Multi Values to Point 模块，提取每年积雪季的雪深数据。运用 ARCGIS 软件里点数据和统计的雪深的 Excel 表格连接以及 Point to Raster 模块，得到内蒙古的雪深专题地图。鉴于内蒙古积雪具有极强的季节性，且主要分布在冬春两季的特征，因此本研究将当年 10—12 月和翌年的 1—3 月的雪深算作当年的雪深，如 1979 年雪深数据为 1979 年的 10—12 月和 1980 年的 1—3 月算为 1979 年的雪深数据。

2. 研究方法

（1）线性变化趋势分析。为全面深入的了解内蒙古的积雪动态，将逐日微波数据提取的积雪深度采用平均值法计算和统计研究区所有积雪深度像元在全年的变化，得到内蒙古积雪深度的序列。采用一元线性回归分析，构建积雪深度 $y_t$ 与时间序列 $x$ 的线性回归方程如下：

$$y_t = ax + b \qquad (2-2)$$

式中，$a$ 为变化趋势，$a>0$ 和 $a<0$ 分别表示积雪深度随时间的增加和减少。

（2）突变分析。气候突变是气象变化过程中存在的不连续现象，常用累计距平曲线确定，其计算公式为：

$$C(t) = \sum_{i=1}^{t} (X_i - \overline{X}) \qquad (2-3)$$

式中，$X_i$ 为历年积雪深度，$\overline{X}$ 为多年（1979—2013）的平均积雪深度。

为检验转折年份雪深是否达到了突变的标准，计算雪深转折年份其信号比，公式如下：

$$\frac{S}{N} = \frac{|\overline{X}_1 \overline{X}_2|}{S_1 + S_2} \qquad (2-4)$$

式中，$\overline{X}_1$、$\overline{X}_2$ 和 $S_1$、$S_2$ 分别表示突变前后两个阶段的积雪深度的平均值与标准差。$S/N$ 大于 1.0 时认为存在气候突变，最大信号比出现的时间为气候突变时间。

（3）异常值分析。本研究以距平大于标准差 2 倍为异常，大于标准差 1.5~2 倍为接近异常来判断内蒙古高原积雪深度变化的异常特征。

（4）小波分析。20 世纪 80 年代初，由 Morlet 提出的一种具有时间—尺度（时间—频率）多分辨功能的小波分析，它能清晰地揭示出隐藏在时间序列中的多种变化周期，充分反映系统在不同时间尺度中的变化趋势，并能对系统未来发展趋势进行定性估计。在时间序列研究中，小波分析主要用于时间序列的消噪和滤波，信息量系数和分形维数的计算，突变点的监测和周期成分的识别以及多时间尺度的分析等。由于小波分析对信号处理中的特殊优势，目前在气候序列的时间—尺度（时间—频率）结构分析中应用较广。

（5）GIS 空间分析。以 ARCGIS 10.1 为计算平台，进一步从空间上研究内蒙古积雪变化的区域差异性和异常值变化，采用线性法，对逐像元的积雪深度数据与对应年份进行回归分析；并运用 $t$ 检验来分析积雪深度的变化趋势以及变化的显著性水平。区域差异性和异常值变化用到了最小二乘法来分析线性变化趋势，二者所用公式如下：

$$slope = \frac{n \times \sum_{i=1}^{n} i \times X_i - \sum_{i=1}^{n} i \sum_{i=1}^{n} X_i}{n \times \sum_{i=1}^{n} i^2 - \left(\sum_{i=1}^{n} i\right)^2} \tag{2-5}$$

式中，$n$ 为年份，$X_i$ 为逐年的积雪深度。

## 二、结果与分析

### 1. 内蒙古雪深时间序列分析

（1）内蒙古雪深年际及代际变化。由于内蒙古地区每年受北部蒙古高原和西伯利亚冷空气的影响程度不同，积雪深度所表现出的时间特性也有很大的差异。

如图 2-12（a），35 年来，内蒙古高原年均积雪深度维持在 1.35~5.51cm，雪深年际变化最大相差 4.16cm。其中，2012 年最大（5.51cm），2001 年最小（1.35cm），平均值为 3.38cm，标准差为 0.98cm，波动振幅很大。且通过其线性变化表明，1979—2013 年内蒙古高原雪深呈显著的下降趋势，气候倾斜率为 0.27/10a，通过 $P<0.01$ 的显著性检验。

由雪深 5 年平滑曲线可知，内蒙古雪深没有持续的下降趋势，1996 年后雪深表现为上升趋势，标准差为 0.32cm，且 2000 年以后波动较小，平滑的标准差为 0.22cm。

从图 2-12（b）可知，20 世纪 80 年代内蒙古积雪较多，距平达到 0.55cm，其中 1986 年正距平为 1.65 远大于标准差；20 世纪 90 年代，内蒙古积雪偏少，距平为-0.41cm，有 7 年为负距平，其中 1992 年距平为 0.84，接近标准差；21 世纪以后，雪深在平均态附近波动变化，整体为减小态势，距平为-0.16。

（2）内蒙古雪深突变分析。分析内蒙古 35 年的雪深累计距平值，结果

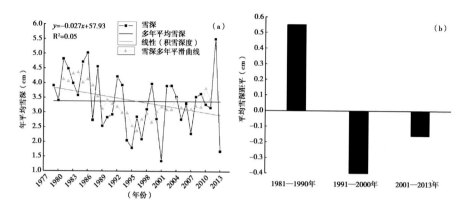

**图 2-12 1979—2013 年的年均积雪深度年际及代际变化**

**Fig. 2-12 Annual（left）and decadal anomaly（right）**

**variations of snow depth during 1979 to 2013**

发现年均雪深在 1988 年发生转折，累计距平值达到 7.44cm，且信噪比达到 0.61。这与前面积雪深度的年代际分布相一致。

（3）内蒙古雪深异常值分析。分析表 2-4 可知，内蒙古雪深异常偏多发生在 20 世纪 80 年代的 1986 年（1.65cm）和 21 世纪的 2012 年（2.13cm）。雪深异常偏少值发生在 20 世纪 90 年代的 1995 年（1.58cm）以及 21 世纪初的 2001 年（2.03cm）和 2013 年（1.69cm）。特别应注意的是 2001—2002 年的积雪异常偏少，过少的积雪储备不利于内蒙古农牧业的发展，加剧了旱灾的强度，这与 2001 年内蒙古高原发生干旱的时间点相一致，2001 年夏季的严重旱灾不利于积雪的累计，导致积雪日数的缩减和水分储备不足，严重阻碍了内蒙古农牧业的发展。

**表 2-4 1979—2013 年内蒙古高原积雪深度异常年份**

**Tab. 2-4 Anomalous of annual snow depth over Inner**

**Mongolia plateau during 1979 to 2013**

| 时段（年） | 接近异常 | 异常 |
|---|---|---|
| 雪深 | 1986（+）1995（-）2013（-） | 2001（-）2012（+） |

（4）内蒙古雪深小波分析。运用内蒙古高原雪深和积雪日数资料作周期诊断分析，可以观察到周期变化的多层次性，从而体现出小波分析的多分辨性优势。

对内蒙古高原 1979—2013 年的雪深做小波变换（图 2-13），图中实线

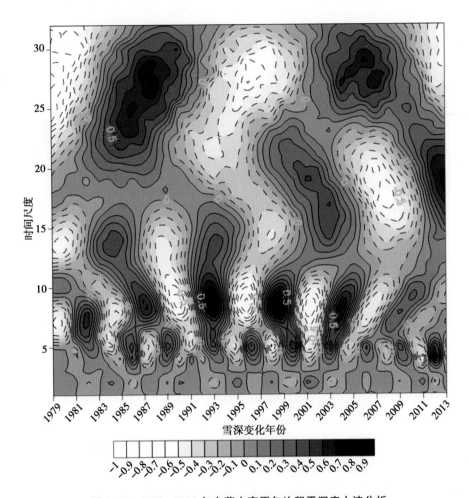

图 2-13　1979—2013 年内蒙古高原年均积雪深度小波分析

Fig. 2-13　Wavelet analysis of annual average snow depth over
Inner Mongolia plateau during 1979 to 2013

代表正相位（实部>0），虚线代表虚部，代表负相位（虚部<0），清晰地显
示了小波变换系数实部的波动特性，即具体反映了研究区积雪深度偏多偏少
的交替性特征，等值线中心对应的时间尺度为序列变换的主周期。如图 2-
13，内蒙古高原的雪深存在准 5 年、准 8 年、准 18 年和准 27 年的年代际周
期，准 8 年的周期主要从 20 世纪 80 年代持续到 2004 年左右，准 5 年和准
27 年的周期始终贯穿 35 年，准 18 年的周期在进入 21 世纪以后才出现。

　　小波方差图能反映波动能量随时间尺度的分布，即一个时间序列中各种时间尺度（周期）及其强弱（能量大小）随尺度的变化特征。根据内蒙古高原年积雪深度序列不同频率的小波方差分析得出：内蒙古高原雪深在第5、第8、第18和27年的小波方差峰值明显，说明5年、8年、18年和27年是该时间序列的特征周期，其中5年左右的振荡周期最强，说明5年尺度为内蒙古高原积雪深度变化的主周期。

　　2. 内蒙古雪深空间分析

　　（1）内蒙古雪深空间变化。由于内蒙古地域广，东西跨度大（经度约30°），且各地所处纬度和海拔差异大，使得内蒙古高原积雪分布有明显的空间地域性特征，同时积雪的分布也受到地形因子和气候因素的显著影响。

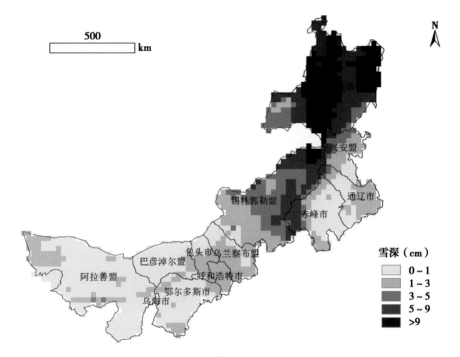

图 2-14　1979—2013 年内蒙古高原多年平均雪深空间分布图

Fig. 2-14　Spatial distribution of annual average snow depth
over Inner Mongolia plateau during 1979 to 2013

　　内蒙古多年雪深有明显的地带性分布特征，以东部的呼伦贝尔市和中部的锡林郭勒盟为主，雪深颜色最深（图2-14）。同时，研究区雪深沿山脉分布的特征也很显著，从东部的大兴安岭，中部的大青山，西部的乌拉山，雅布赖山以及阿拉善盟最西端靠近黑河水流域的包尔乌拉山均有积雪的分布，雪深颜色较深。1979—2013 多年平均雪深 3.38cm，雪深在 1~3cm 的占 73.7%，5cm 以上的只占 12.1%。其中东北部的呼伦贝尔高原和大兴安岭以及中部的锡林郭勒高原雪深分布最为密集且深度较厚，东南部的和兴安盟，赤峰市和通辽市以及西部的各盟市雪深较稀疏且较浅。雪深分布存在三个高值区和一个低值区。高值区为东北部的呼伦贝尔高原和大兴安岭组成的高值带（中心雪深在 9.1cm 以上），锡林郭勒东北部地区（中心雪深在 6.8cm 以上）和锡林郭勒东部与赤峰市西部的交接地带（中心雪深在 6.2cm 以上）。低值区主要分布在西部盟市，包头市—巴彦淖尔市—鄂尔多斯市—阿拉善盟一线，雪深中心值都在 1cm 以下。雪深高低受地形和水汽输送的影响尤为明显。

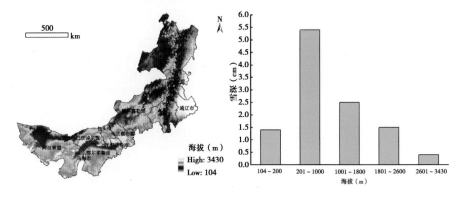

图 2-15　内蒙古高原 DEM（左）及其雪深分布（右）

Fig. 2-15　DEM（left）and the distribution of snow depth（right）
over Inner Mongolia plateau

内蒙古积雪的空间分布与地形变化存在一定的关系。海拔越高，气温越低，积雪融化的速度延缓，从而影响雪深的分布。内蒙古海拔最低点在东南部的西辽河流域，最高点在西部的贺兰山（图 2-15）。

将内蒙古的海拔按 104~200m，201~1000m，1001~1800m，1801~2600m，2601~3430m 五段，统计得到多年平均雪深分别为 1.4cm，5.4cm，2.5cm，1.5cm，0.4cm。雪深受海拔的影响明显，海拔在 200m 以上雪深陡增，1000m 以上又出现下降，201~1000m 的海拔在内蒙古的分布很特殊，包括东部的呼伦贝尔市、大兴安岭的部分区域、兴安盟、通辽市、赤峰市和中部锡林郭勒盟东北部，这些地区正是受蒙古高原和西伯利亚冷空气影响最深的地区，也是东亚与太平洋之间水汽输送的必经之地。因为内蒙古西部海拔较高，且积雪较少，因此并没有呈现明显的陡坎效应。

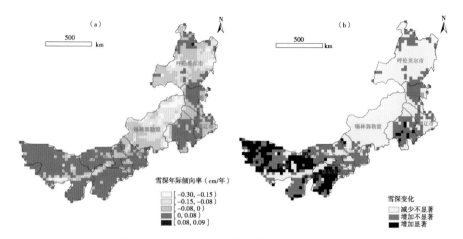

图 2-16 1979—2013 年内蒙古雪深变化趋势

（a）雪深年际倾向率空间分布 （b）雪深变化显著性水平

Fig. 2-16 Spatial distributions of snow depth change trend over Inner Mongolin plateau during 1979 to 2013

（a）Inter-annual trend rate of snow depth （b）Significance level of snow depth change

（2）内蒙古积雪空间变化趋势。由图 2-16a 可知，内蒙古高原雪深的年际倾向率维持在-0.3~0.09cm/年，其中绝大部分的雪深倾向变化率在-0.08~0.08cm/年的范围内，占到了内蒙古高原面积的 78.9%，其中，呼伦贝尔市、锡林郭勒盟以及阴山—乌拉山以及雅布赖山一线雪深变化趋势倾向率在-0.08~0cm/年，属于下降的部分，其余地区的变化在 0~0.08cm/年，属于增长的部分。-0.3~-0.15cm/年的占 4.9%，主要分布在东部的呼伦贝尔；中部的锡林浩特市、赤峰市西部的克什克腾旗和多伦县也有像元分布；西部的阿拉善盟的阿拉善右旗地区也有雪深像元分布。-0.15~-0.08cm/年的雪深变化倾向率呈现由东北向西南延伸的趋势，在呼伦贝尔市—锡林浩特市—乌兰察布市—包头市—鄂尔多斯市—阿拉善盟一线，占研究区的 16.1%。雪深倾向率在 0.08~0.09cm/年的仅分布在呼伦贝尔市的根河市。

利用 ARCGIS 逐像元的分析雪深的显著性变化趋势表明（图 2-16b），内蒙古高原呈增加趋势的像元占研究区的 48%，呈减少趋势的像元占 51.6%，呈减少趋势的像元略高于呈增加趋势的。雪深呈不显著减少趋势的像元占研究区的 51.6%，主要分布在呼伦贝尔市、锡林郭勒盟、通辽市和兴安盟的部分地区以及阴山—乌拉山和雅布赖山一线。呈不显著增长趋势的像元，占研究区的 32.3%，主要分布在呼伦贝尔市北部、通辽市、赤峰市以及锡林郭勒盟以西的盟市。有显著增长趋势的像元最少，仅占 16.1%，主要分布在阿拉善盟、鄂尔多斯市、赤峰市和巴彦淖尔市西部。

3. 内蒙古积雪对气候的响应分析

（1）积雪与气候统计分析。根据内蒙古高原 1979—2013 年的雪深与积雪参数的变化，分别与同时期全区 48 个气象站点的降水、气温、风速、日照时数和平均相对湿度进行相关性分析和多元回归分析，雪深和积雪日数与气候因子的相关性如表 2-5。

表 2-5　雪深与气候因子统计分析结果

Tab. 2-5　Statistical analysis result of snow depth with climate factors

| 统计项 | 降水 | 气温 | 风速 | 日照时数 | 平均相对湿度 | 复相关系数 |
|---|---|---|---|---|---|---|
| 雪深 | 0.391** | -0.706** | -0.309** | -0.508** | 0.661** | 0.742** |

** 表示通过 0.01 的显著性检验

由表 2-5 可知，雪深与降水和平均相对湿度呈显著正相关，降水越多，平均相对湿度越高，积雪深度就越大；雪深与气温、风速和日照时数呈显著负相关，气温越高，风速越快，日照时数越多，积雪深度越小；雪深与气温的相关性要高于雪深与降水、风速、日照时数和平均相对湿度，说明影响内蒙古雪深的主要因素是气温，同时雪深与日照时数和平均相对湿度的相关系数也均超过 0.5，受到这两个气候因子的明显影响。

为了更好地揭示气候因素对雪深的影响，在相关性分析的基础上，对雪深分别与降水、气温、风速、日照时数、平均相对湿度进行多元回归分析模拟雪深。结果表明，雪深的模拟值与实测值均很高，复相关系数达到 0.742，且均通过 0.01 的显著性检验。可见雪深的变化明显受到气候因素的影响，且与气温，日照时数和平均相对湿度的变化明显相关。

（2）积雪与气候的相关性分析。由 ARCGIS 结合 1979—2013 年内蒙古 48 个气站点的平均积雪深度，分析雪深与降水、气温、风速、日照时数和平均相对湿度相关的显著性水平（图 2-17），分析空间相关性结果，可以得到：

① 87.5% 的气象站点雪深与降水呈正相关性。显著区分布在内蒙古的东部和中部，包括图里河、满洲里、新巴尔虎左旗、索伦、东乌珠穆沁旗、

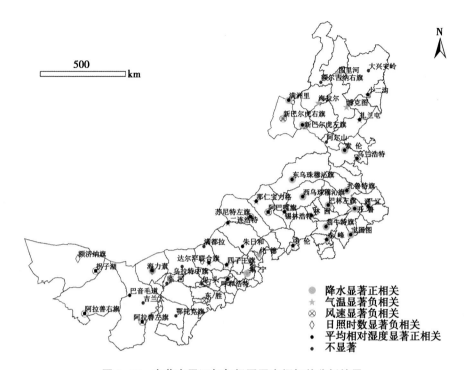

**图 2-17　内蒙古雪深与气候因子空间相关分析结果**

**Fig. 2-17　Spatial correlation analysis result of snow depth and climate factors over Inner Mongolia**

西乌珠穆沁旗、扎鲁特旗、巴林左旗、开鲁、翁牛特旗、宝国图、集宁和海力素。

②95.8%的站台雪深与气温呈负相关，呈显著相关的站台数占62.5%，主要分布在内蒙古中部和东部。

③雪深与风速呈负相关，占站台数的66.7%，但达到显著性水平的仅有7个站台，分布在新巴尔虎右旗、阿巴嘎旗、苏尼特左旗、东胜、阿拉善左旗、阿拉善右旗和拐子湖。

④雪深与日照时数呈负相关，占站台数的60.4%，但仅有海力素和额济纳旗2个站台达到显著性水平。

⑤雪深与平均相对湿度呈正相关，占站台数的95.8%，达到显著性水平的站台占64.6%，包括图里河、满洲里、小二沟、扎兰屯、新巴尔虎左旗、索伦、乌兰浩特、东乌珠穆沁旗、西乌珠穆沁旗、锡林浩特、扎鲁特

旗、巴林左旗、开鲁、林西、通辽、多伦、翁牛特旗、赤峰、宝国图、那仁宝力格、阿巴嘎旗、苏尼特左旗、二连浩特、多伦、朱日和、四子王旗、呼和浩特、海力素、达尔罕联合旗、拐子湖、巴音毛道、阿拉善右旗、阿拉善左旗。

## 三、讨论

根据 IPCC 的第四次报告，未来全球气候将持续变暖，到 21 世纪末，全球平均气温将升高 1.1~6.4℃，中国大部分地区将出现冰雪消融，积雪深度和积雪面积减少以及积雪累计期缩短的状况，这与本研究得出的内蒙古高原雪深近 35 年逐年递减的变化趋势相同。

同时由于研究积雪的方法，获取的数据资料和时空的差异，得到的积雪深度时空变化特征也明显不同。内蒙古积雪的深度不仅受到气温、日照时数和平均相对湿度的主要影响，而且也受到地形（海拔、坡向）的影响。此外，受降水显著影响的站台主要分布在内蒙古的东部和中部，受风速显著影响的站台主要分布在内蒙古的西部。鉴于气候变化对内蒙古草地畜牧业的发展影响重大，因此，掌握内蒙古积雪动态规律及其对气候变化的响应机理，提升内蒙古雪灾的预警能力至关重要。在充分考虑内蒙古地形因素及其气候特征的情况下，提高积雪识别的空间分辨率及其与驱动因子的关系，还有待进一步的研究。

## 四、结论

（1）1979—2013 年内蒙古高原雪深呈显著的下降趋势（$P<0.01$），但 1996 年后雪深表现为上升趋势。2000 年以后，雪深的波动均较小。

（2）内蒙古雪深的突变年份分别是 1988 年。雪深偏多和偏少年份主要在 21 世纪，其中 2012 年（2.13cm）和 2001 年（2.03cm）分别是 35 年来的偏多和偏少的最大值。

（3）由小波分析可知，内蒙古雪深的振荡周期在 5 年左右最强，表明 5 年尺度为内蒙古积雪深度变化的主周期。

（4）受地形和水分的影响，内蒙古雪深高值区均分布在东北部的呼伦贝尔高原和大兴安岭，锡林郭勒东北部地区和锡林郭勒东部与赤峰市西部的交接地带。低值区主要分布在西部盟市，包头市—巴彦淖尔市—鄂尔多斯市—阿拉善盟一线。201~1000m 的海拔雪深最高。

（5）雪深倾向变化率在 $-0.08~0.08$cm/年的范围内，占到了内蒙古高原面积的 78.9%；雪深呈减少趋势的像元占高原总像元数的 51.6%，略高于呈增加趋势的 48%。

（6）雪深与降水、气温、风速、日照时数和平均相对湿度均存在明显的统计和空间相关关系，雪深与降水和平均相对湿度呈正相关，而与气温、日照时数和风速呈负相关。多元回归分析模拟雪深的模拟值和实测值复相关系数达到 0.742，且通过 0.01 的显著性检验。

# 第四节　近 10 年内蒙古积雪动态

## 一、近 10 年初雪日期动态

内蒙古逐年初雪日期分布图（图 2-18）揭示，近 10 年内蒙古积雪覆盖范围最大的年份是 2003 年，1 月之前是积雪面积增加的阶段，10 月份呼伦贝尔市大部分地区、兴安盟的阿尔山市、科右前旗和科右中旗西部地区、科左中旗中部、霍林郭勒市、扎鲁特旗北部、赤峰市西部地区、东乌旗、西乌旗、锡林浩特市、阿巴嘎旗和正蓝旗北部开始下雪。11 月份新巴尔虎右旗、新巴尔虎左旗、陈巴尔虎旗西部地区、扎赉特旗、科右前旗东部地区、突泉县、包头和呼和浩特市附近地区开始下雪。12 月份开始下雪的地区为乌兰察布市、鄂尔多斯市、锡林郭勒盟西部地区、巴彦淖尔市、额济纳旗西部地区。1 月份之后基本上没怎么下雪。

近 10 年，积雪覆盖范围最小的年份是 2009 年，10 月份开始下雪的地区分布在呼伦贝尔市中部和西部地区、东乌旗和西乌旗的东部地区、克什克腾旗的中部地区。11 月份开始下雪的地区分布在锡林郭勒盟中部和东部地区、乌兰察布盟、呼和浩特市和包头市附近地区。12 月份开始下雪的地区分布在赤峰市南部、兴安盟东部地区。12 月份之后下雪的地区很少，主要分布在锡林郭勒盟的荒漠草原区的部分地区和额济纳旗的部分地区。

近 10 年，12 月份以后开始大面积下雪的年份是 2006 年和 2008 年。空间上主要分布在内蒙古西部的鄂尔多斯市、巴彦淖尔盟和阿拉善盟地区。10 月份开始下雪的地区基本分布在呼伦贝尔市和锡林郭勒盟东部的乌珠穆沁草原。1 月份之前，基本上是积雪面积不断增加积雪积累阶段。

图 2-19 表示，内蒙古的初雪日期为 10 月上半月的积雪面积变化呈现微增加的趋势，初雪日期为 10 月下半月的积雪面积变化有明显地减少的趋势，初雪日期为 10 月份的平均积雪面积变化有减少的趋势，表明内蒙古的初雪

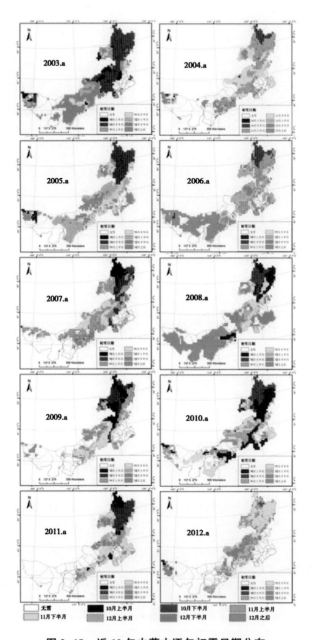

图 2-18　近 10 年内蒙古逐年初雪日期分布

Fig. 2-18　Distribution of the first snow date year by
year in the past 10 years of Inner Mongolia

日期退后的趋势。

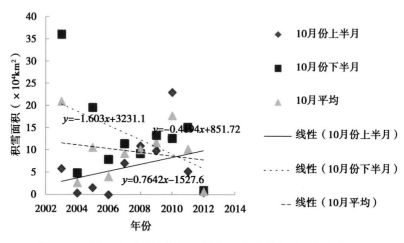

**图 2-19　近 10 年内蒙古初雪日期为 10 月份的积雪面积变化**

**Fig. 2-19　The snow cover area change of the first snow in October during past 10 years in Inner Mongolia**

## 二、近 10 年终雪日期动态

内蒙古逐年终雪日期分布图（图 2-20）揭示，2003 年，终雪日期 1 月之前的地区主要分布在内蒙古西部的鄂托克前旗、鄂托克旗、杭锦旗、阿拉善左旗的部分地方和额济纳旗的部分地方。终雪日期 1 月份的地方很少，终雪日期在 2 月份的地区主要分布在巴彦淖尔盟、鄂尔多斯市的其他地区、达茂旗北部、四子王旗北部、苏尼特右旗北部地区。终雪日期在 3 月上半月的地区主要分布在呼和浩特市附近地区、乌兰察布市其他地方、锡林郭勒盟的其他地方、赤峰市西部地区、扎鲁特旗北部、兴安盟北部和呼伦贝尔市东部地区。终雪日期在 3 月下半月的地区主要分布在呼伦贝尔市西部地区。2004年，终雪日期在 1 月份之前的地区不多，主要分布在通辽市中部、敖汉旗北部和苏尼特左旗北部。终雪日期在 1 月份的地区不多，主要分布在包头市。终雪日期在 2 月份的地区主要分布在锡林郭勒盟中部和扎赉特旗东部。终雪日期在 3 月份的地区主要分布在呼伦贝尔市、兴安盟北部、扎鲁特旗北部、赤峰市中西部、乌兰察布市南部、呼和浩特市和固阳东部地区。2005 年，终雪日期 2 月份的地区逐渐增加，主要分布在通辽市东南部、锡林郭勒盟西部地区、鄂尔多斯市东部、巴彦淖尔中部地区。终雪日期 3 月份的地区主要

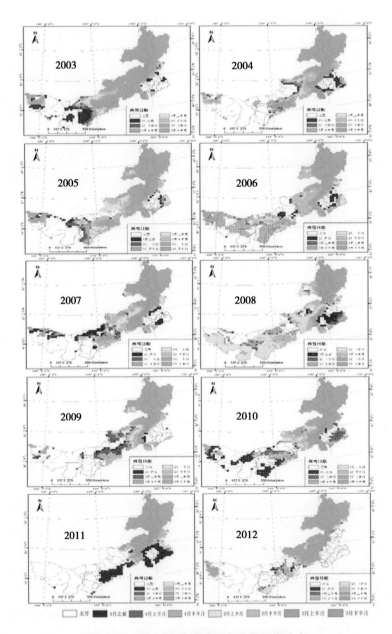

图 2-20　近 10 年内蒙古逐年终雪日期分布

Fig. 2-20　Distribution of the final snow date year by year in the past
10 years of Inner Mongolia

分布在呼伦贝尔市、兴安盟北部、扎鲁特旗北部、东乌旗、西乌旗、赤峰市西部、呼和浩特市附近地区。2006 年，终雪日期在 1 月份的地区增加，主要分布在鄂尔多斯市和阿拉善盟。终雪日期在 2 月份的地区主要分布在乌兰察布市南部、呼和浩特市、包头市、锡林郭勒盟大部分地区、通辽市东部地区、新巴尔虎右旗等地区。终雪日期在 3 月份的地区主要分布在呼伦贝尔市中东部、兴安盟北部、赤峰市西部地区和额济纳旗西部地区。2007 年，终雪日期 3 月份的地区逐渐减少，主要分布在呼伦贝尔市、兴安盟北部、东乌旗东北部、西乌旗东南部、赤峰市中西部、呼和浩特市、包头附近地区。2008 年，终雪日期 2 月份的地区逐渐增加，主要分布在内蒙古的中西部地区。终雪日期 3 月份的地区逐渐减小，主要分布在呼伦贝尔市中东部、阿尔山市、扎赉特旗西部、科右前旗中西部、克什克腾旗东部地区。2009 年，内蒙古的积雪面积也很小，终雪日期 3 月份的地区主要分布在呼伦贝尔市、东乌旗东部、西乌旗西南部、克什克腾旗东部地区。2010 年，2 月份的时候内蒙古的中西部地区以及通辽市的积雪基本上消融。2011 年，终雪日期 1 月份之前的地区主要分布在呼和浩特市、包头、乌兰察布市、通辽市和赤峰市除了克什克腾旗以外的其他地区，2 月份的时候除了呼伦贝尔市、东乌旗、西乌旗和克什克腾旗以外的地区的积雪基本上消融。2012 年 3 月份上半月的时候，内蒙古的所有地区积雪都融化掉，基本上没有积雪区域。

近 10 年，内蒙古的终雪日期为 3 月上半月和下半月的积雪面积都是减少的趋势，表明终雪日期有逐渐提前的趋势（图 2-21）。

### 三、近 10 年积雪日数动态

（1）近 10 年积雪日数年内变化。内蒙古 2003—2012 年的平均积雪日数空间分布图（图 2-22）显示，内蒙古稳定积雪区主要分布在呼伦贝尔市、锡林郭勒盟、兴安盟中部和北部、通辽市北部、赤峰市南部及乌兰察布高原南部。其中，积雪季节里积雪日数在 120d 以上地区分布在呼伦贝尔市、兴安盟阿尔山市、东乌珠穆沁旗东北部、西乌珠穆沁旗西南部和克什克腾旗东部。积雪日数在 61~120d 的地区主要分布在新巴尔虎右旗、锡林郭勒盟、兴安盟中部和北部、通辽市北部、赤峰市南部及乌兰察布高原南部。积雪日数在 11~60d 的不稳定积雪区域分布在通辽市南部、苏尼特左旗、苏尼特右旗、阴山山脉、鄂尔多斯高原及额济纳旗中西部地区。积雪日数在 1~10d 的不稳定积雪区域分布在阿拉善左旗、阿拉善右旗、额济纳旗东部、扎鲁特旗西南部、阿鲁科尔沁旗南部以及巴林左旗、巴林右旗和翁牛特旗三个旗的

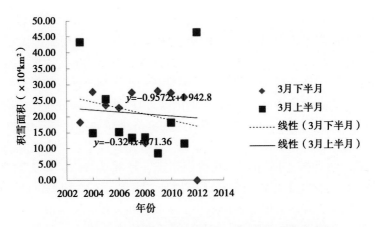

**图 2-21　近 10 年内蒙古终雪日期为 3 月份的积雪面积变化**

**Fig. 2-21　The snow cover area change of the final snow in March during past 10 years in Inner Mongolia**

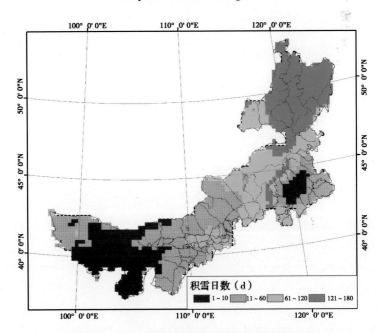

**图 2-22　近 10 年内蒙古平均积雪日数空间分布**

**Fig. 2-22　The spacial distribution of the average number of snow cover days in the past 10 years of Inner Mongolia**

交界处。

（2）近 10 年积雪日数年际变化。图 2-23 和图 2-24 揭示，近 10 年研究区稳定积雪区域面积最大的年份是 2003 年，空间上主要分布在呼伦贝尔市、锡林郭勒盟、兴安盟、通辽市北部、赤峰市西部和阴山山脉地区。其中积雪日数在 120d 以上地区分布在呼伦贝尔市、兴安盟、通辽市北部、东乌珠穆沁旗、西乌珠穆沁旗、锡林浩特市、阿巴嘎旗北部和克什克腾旗。积雪日数在 61~120d 的地区主要分布在锡林郭勒盟西部。乌兰察布高原和阴山山脉地区；积雪日数在 11~60d 的不稳定积雪区域分布在鄂尔多斯高原、阿拉善左旗中部、额济纳旗西部。积雪日数在 1~10d 的不稳定积雪区域分布在通辽市南部、赤峰市东部、阿拉善右旗、额济纳旗东部地区。

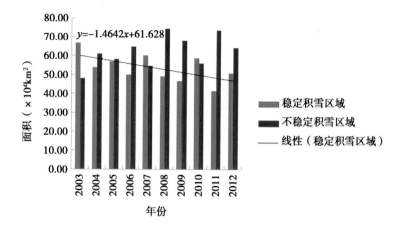

**图 2-23　内蒙古近 10 年逐年稳定和不稳定积雪区域面积变化**

**Fig. 2-23　Changes of stable and unstable snow cover area year by year in the past 10 years of Inner Mongolia**

近 10 年内蒙古稳定积雪区域面积最小的年份是 2011 年，空间上主要分布在呼伦贝尔市、兴安盟、东乌旗、西乌旗、阿巴嘎旗北部边境地区、克什克腾旗中东部。其中，积雪日数在 120d 以上地区分布在呼伦贝尔市中东部、兴安盟北部、东乌旗东部、克什克腾旗中部地区。积雪日数在 61~120d 的地区主要分布在呼伦贝尔高原、兴安盟东南部、科左中旗、东乌旗西部、西乌旗、锡林浩特市东部、阿巴嘎旗北部边境地区、克什克腾旗东部。积雪日数在 11~60d 的不稳定积雪区域分布在阴山山脉东南部地区、锡林郭勒盟南部、通辽市南部、赤峰市中部地区。积雪日数在 1~10d 的不稳定积雪区域分布在内蒙古西部地区以及阿鲁科尔沁旗、巴林左旗、巴林右旗、翁牛特旗

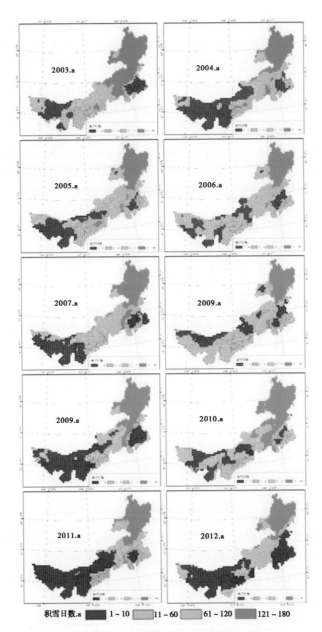

图 2-24  近 10 年内蒙古逐年积雪日数空间分布

Fig. 2-24  The spatial distribution of the snow cover days year by year in the past 10 years of Inner Mongolia

和敖汉旗五个旗交界处。不稳定积雪区域面积年际变化波动大，除了 2003 年外稳定积雪区域面积的年际变化波动小。

### 四、近 10 年雪深动态

（1）近 10 年积雪深度年内变化。近 10 年内蒙古平均雪深分布图（图 2-25）揭示，内蒙古平均雪深 10cm 以上的积雪地区主要分布在大兴安岭山脉地区，并且初雪日期早和终雪日期晚。既是积雪日数较长的稳定积雪覆盖区域，也是雪灾发生概率最高的区域。因此，特别是畜牧业为主要产业的草原牧区地区新巴尔虎右旗、新巴尔虎左旗、陈巴尔虎旗、鄂温克自治旗、东乌旗、西乌旗、阿巴嘎旗、锡林浩特、正蓝旗、正镶白旗和镶黄旗等地区应做好降雪预报工作，以准备防灾措施。另外，苏尼特右旗、苏尼特左旗等地方雪深不是那么大，但是荒漠草原区，主要积雪日数较长就可能发生雪灾，因此也需要提前做好降雪预报工作，同时准备好防灾措施。

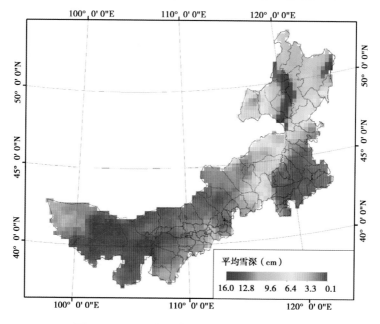

图 2-25　近 10 年内蒙古年平均雪深空间分布

**Fig. 2-25　The spatial distribution of the average snow cover depth in the past 10 years of Inner Mongolia**

（2）近 10 年积雪深度年际变化。图 2-26 表示，近 10 年内蒙古年平均雪深在 2.29~3.9cm，其中最大值的年份是 2003 年，平均雪深为 3.9cm，2008 年平均雪深为最小（2.29cm），近 10 年，平均雪深呈稍微缓慢减少的趋势，减少率为 0.565cm/10 年。

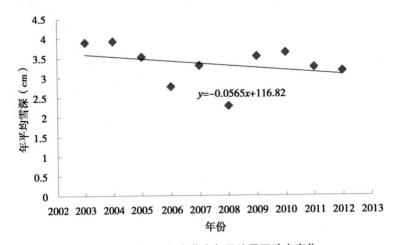

图 2-26　近 10 年内蒙古年平均雪深动态变化

Fig. 2-26　The dynamics changes of the average snow cover
depth in the past 10 years of Inner Mongolia

## 第五节　小　结

利用多源遥感数据准确掌握了内蒙古的积雪动态及气候响应。近 10 年，内蒙古积雪面积年际变化整体上呈稍微减少的趋势，其中每年平均减少率为 7km²；最大积雪面积发生在 12 月或 1 月份，最小积雪面积发生在 10 月份。1 月份之前积雪面积波动为明显的增加趋势，1 月份之后为积雪消融阶段，积雪面积不断减少。稳定积雪区域面积的年际变化波动小，并呈稍微减少的趋势；内蒙古的初雪日期不断退后，终雪日期逐渐提前，积雪持续时间在显著减少；雪灾重点监测的区域是呼伦贝尔草原和锡林郭勒草原牧区。内蒙古气温的明显上升引起暖冬化，可能导致积雪面积的减少，说明内蒙古积雪面积的减少主要受气温的影响。

1979—2013 年内蒙古积雪日数呈显著增长趋势（$P<0.05$），1996 年后积雪日数表现为明显上升趋势。2000 年以后，积雪日数的波动较小。内蒙古积雪日数的突变年份是 2001 年。积雪日数偏多和偏少年份也发生在 21 世

纪，其中，2002 年（28d）和 2001 年（22d）分别是 35 年来的偏多和偏少的最大值。由小波分析可知，内蒙古积雪日数的振荡周期均在 5 年左右最强，表明 5 年尺度为内蒙古高原积雪日数变化的主周期。受地形和水分的影响，内蒙古积雪日数高值区均分布在东北部的呼伦贝尔高原和大兴安岭，锡林郭勒东北部地区和锡林郭勒东部与赤峰市西部的交接地带。低值区主要分布在西部盟市，包头市—巴彦淖尔市—鄂尔多斯市—阿拉善盟一线。201～1000m 海拔的积雪日数均最高。积雪日数倾向变化率在 0～0.8d/年的范围内，占研究区的 63%；积雪日数增加趋势的像元占 84.7%，有减少趋势的像元仅占 15.3%。积雪日数与降水、气温、风速、日照时数和平均相对湿度均存在明显的统计和空间相关关系，积雪日数与降水和平均相对湿度呈正相关，而与气温、降水和风速呈负相关。多元回归分析模拟积雪日数的模拟值和实测值复相关系数达到 0.825，且均通过 0.01 的显著性检验。

1979—2013 年内蒙古高原雪深呈显著的下降趋势（$P<0.01$），但 1996 年后雪深表现为上升趋势。2000 年以后，雪深的波动均较小。内蒙古雪深的突变年份是 1988 年。雪深偏多和偏少年份主要在 21 世纪，其中 2012 年的 2.13cm 和 2001 年的 2.03cm 分别是 35 年来的偏多和偏少的最大值。由小波分析可知，内蒙古雪深的振荡周期在 5 年左右最强，表明 5 年尺度为内蒙古积雪深度变化的主周期。受地形和水分的影响，内蒙古雪深高值区均分布在东北部的呼伦贝尔高原和大兴安岭，锡林郭勒东北部地区和锡林郭勒东部与赤峰市西部的交接地带。低值区主要分布在西部盟市，包头市—巴彦淖尔市—鄂尔多斯市—阿拉善盟一线。201～1000m 海拔的雪深最高。雪深倾向变化率在 -0.08～0.08cm/年的范围内，占到了内蒙古高原面积的 78.9%；雪深呈减少趋势的像元占高原总像元数的 51.6%，略高于呈增加趋势的 48%。雪深与降水、气温、风速、日照时数和平均相对湿度均存在明显的统计和空间相关关系，雪深与降水和平均相对湿度呈正相关，而与气温、降水和风速呈负相关。多元回归分析模拟雪深的模拟值和实测值复相关系数达到 0.742，且通过 0.01 的显著性检验。

近 10 年（2003—2012 年）内蒙古稳定积雪区主要分布在呼伦贝尔市、锡林郭勒盟、兴安盟中部和北部、通辽市北部、赤峰市南部及乌兰察布高原南部。其中，积雪季节里积雪日数在 120d 以上地区分布在呼伦贝尔市、兴安盟阿尔山市、东乌珠穆沁旗东北部、西乌珠穆沁旗西南部和克什克腾旗东部。积雪季节里积雪日数在 61～120d 的地区主要分布在新巴尔虎右旗、锡林郭勒盟、兴安盟中部和北部、通辽市北部、赤峰市南部及乌兰察布高原南部。这些稳定积雪区雪灾发生的概率比较大，应做好降雪预报工作和准备防灾措施。近 10 年，内蒙古的积雪面积有减少的趋势，初雪日期不断退后和终雪日期有逐渐提前的趋势。内蒙古平均雪深 10cm 以上的积雪地区主要分布在大兴安岭山脉地区，并且初雪日期早和终雪日期晚，既是积雪日数较长的稳定积雪覆盖区域，也是雪灾发生概率最高的区域。近 10 年内蒙古年平均雪深在 2.29~3.9cm，其中最大值的年份是 2003 年，平均雪深为 3.9cm，2008 年平均雪深最小为 2.29cm。近 10 年，平均雪深呈稍微缓慢减少的趋势，减少率为 0.56cm/10 年。

# 第三章　基于 FY-3B 被动微波数据的内蒙古草原牧区雪深反演研究

光学遥感容易受到云的干扰，并且雪深超过一定深度时很容易饱和。被动微波遥感能够穿透云层，时间分辨率高，并且能穿透地表获得雪水当量以及积雪深度信息（Foster J L 等，1984），使得被动微波遥感在获取积雪厚度上有很大优势。目前，国际上主要有 SSM/II（Special Sensor Microwave Imager）、SMMR（Scanning Multichannel Microwave Radiometer）、TMI（The TRMM Microwave Imager）以及 AMSR-E（Advanced Microwave Scanning Radiometer-EOS）传感器等星载微波辐射计（蒋玲梅等，2014）。2010 年 11 月 5 日，我国成功发射了具有高光谱分辨率、高灵敏度、高精度和宽视场等特点的新一代极轨气象卫星风云三号（杨虎等，2005），并首次搭载了微波成像仪（MWRI），能有效监测全球冰雪资源的动态监测和反演。2011 年 10 月 4 日，主流应用的 AMSR-E 传感器出现仪器故障停止工作，因此国产卫星风云 3B 数据将是近期主要替代被动微波遥感数据源之一。

在国外，采用被动微波遥感数据在冰雪资源监测等领域进行了大量的研究，发展了多种雪深和雪水当量反演算法。其中大多数的雪深模型研究都是基于 Chang 等提出的半经验算法"亮温梯度"来反演积雪厚度（Chang A T C 等，1976；Chang A T C 等，1987；Hallikainen M T 等，1992）。Foster 等（1997）在"亮温梯度"半经验算法的基础上，增加了森林覆盖度参数，提高了森林地区的雪深以及雪水当量的反演精度。Tait（1998）应用 SSM/I 亮温数据、地面雪深观测及下垫面因素反演雪深，揭示了下垫面性质对雪深以及雪水当量的反演结果有很大的影响。Singh 等（2000）引入了大气温度、平均海拔高度与水体面积等辅助信息，进一步改进雪水当量算法。Derksen 等（2005；2008）研究森林区的积雪量时，发展了对不同地表覆盖（虑裸地、针叶林、落叶林和稀疏森林等）类型敏感的雪深反演算法。但是这些雪深反演模型的参数化方案不能完全适合中国的雪情（车涛等，2004），且多项研究（于惠等，2011；Dai，Liyun 等，2012；卢新玉等，2013）以青藏高原和北疆地区为研究对象，揭示当积雪厚度超过一定深度时，该类模型的积雪厚度反演结果有较大偏差，深雪会被明显低估。因此，如何应用被动微波传感器的不同频率获取亮温信息，提高积雪层厚度的反演精度成为该研究领域的难点（张显峰等，2014）。

内蒙古草原牧区是草地畜牧业生产的基础，也是雪灾发生后损失惨重的区域。因此，本研究利用内蒙古草原牧区积雪对被动微波不同通道亮温差的响应差异，并结合野外实验固定观测点和气象站点的雪深数据，来发展适合内蒙古草原牧区的基于国产卫星 FY3B/MWRI 传感器的雪深反演算法，以期为内蒙古草原牧区雪灾监测、风险评估、灾情评价及灾后重建提供科学依据。

# 第一节　研究区与数据

## 一、研究区

内蒙古自治区位于我国北部边疆，全区的总面积为 118.3 万 $km^2$，占全国总面积的 12.3%。内蒙古草原是位于 IGBP 全球变化研究典型陆地样带中国东北陆地样带之内，属于典型的中纬度半干旱温带草原生态类型，是我国北方重要的陆地生态系统。内蒙古草原总面积达 8666.7 万 $hm^2$，其中可利用草场面积达 6800 万 $hm^2$，占中国草场总面积的 1/4，是草地畜牧业生产的基础，也是我国三大稳定积雪覆盖区之一，尤其内蒙古东北部草原牧区是雪灾多发区。图 3-1 揭示了研究区及野外观测点分布图。这些牧区均为少数民族的聚集地，草地和牲畜是其最基本的生产、生活资料，一旦发生雪灾牧民和家畜即刻陷入绝境，损失惨重，严重制约草地畜牧业的可持续发展（曾群柱等，1993；李培基，1998；李清清等，2013；李西良等，2013；孙小龙等，2014）。

## 二、数据来源

### 1. 野外固定观测点试验数据

气象站点资料只是点分布数据，分布不均匀，在一个旗县基本上只有一个站点，不能代表整个区域积雪的整体状况。因此本研究于 2011 年 7 月 18

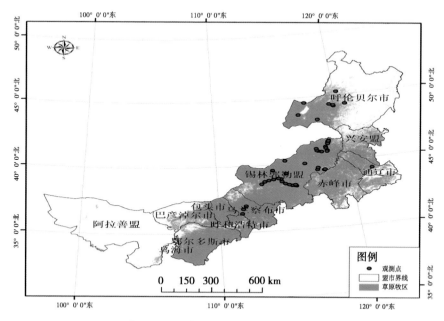

**图 3-1　研究区及野外观测点分布图**

**Fig. 3-1　Distribution of study area and field observation points**

日到 8 月 1 日组织专题队伍对内蒙古锡林郭勒牧区进行野外考察，主要开展雪灾多发区找牧户固定观测点（考察观测点根据雪灾多发区分布和交通状况确定），对观测点的盛草期和枯草期的草地植被样方进行雪深、气温、积雪持续日数等的每年滚动调查。并收集研究该区有关的历史数据资料。通过以上的工作，建立内蒙古牧区雪灾信息数据库，为内蒙古牧区雪灾监测和评估打下基础。

　　本次调查范围主要是雪灾频繁出现的内蒙古锡林郭勒盟东乌珠穆沁旗、西乌珠穆沁旗、阿巴嘎旗。草原类型覆盖温性草甸草原类和温性草原类。

　　调查内容如下。

　　(1) 雪灾多发区找牧户固定样地。①草地植被样方调查：在固定观测点的草原盛草期和枯草期植物群落种类组成、结构、数量特征、植物生长状况以及生境条件。用 GPS 定位保证实测样地地理位置的准确性。在实测过程中记录群落组成、盖度、高度、频度、地上生物量等数据。在每一个监测观测点内取 3 个 1 m² 样方，并对具高大灌木的观测点取 1 个 10m² 样方。②雪深调查：实测下雪时候的雪深、气温和积雪持续日数等。牧户样地调查

表 3-1 是我们自己用，牧户样地调查表 3-2 是给牧民们用。

表 3-1　牧户观测点调查样表 1
Tab. 3-1　The first sample table of herdsman observation points

| 标杆号 | 8-1<br>8-4 | 相对位置 | 锡林郭勒盟西乌珠穆沁旗巴彦胡硕苏木红格尔嘎查 | | |
|---|---|---|---|---|---|
| 牧户姓名 | 特古斯 | 地理坐标 | | | |
| 草地类型 | 典型草原 | 地貌类型 | 丘陵 | 土壤类型 | |
| 海拔高度 | | 测定时间 | 2011 年 7 月 26 日 16：30 | | |
| | | 测定内容 | | | |
| 植物种类 | 枯草高度 | 生产量 | | 刚下雪积雪厚度 | |
| 针茅 | 48cm | | $g/m^2$ | cm | |
| 隐子草 | 10cm | | $g/m^2$ | | |
| 羊草 | 31cm | | $g/m^2$ | | |
| 小叶锦鸡儿 | 15cm | | $g/m^2$ | 下完雪后 5d 的厚度 | |
| 蒙古葱 | 17cm | | $g/m^2$ | cm | |
| 细叶韭菜 | 20cm | | $g/m^2$ | | |
| 黄芩 | 9.5cm | | $g/m^2$ | | |
| 鸦葱 | 3cm | | $g/m^2$ | | |
| 猪毛菜 | 7cm | | $g/m^2$ | 下完雪后 10d 的厚度 | |
| 芸香 | 5cm | | $g/m^2$ | | |
| 棘豆 | 3cm | | $g/m^2$ | | |
| | cm | | $g/m^2$ | | |
| | cm | | $g/m^2$ | | |
| | cm | | $g/m^2$ | 下完雪后 15d 的厚度 | |
| | cm | | $g/m^2$ | cm | |
| | cm | | $g/m^2$ | | |
| | cm | | $g/m^2$ | | |
| | cm | | $g/m^2$ | | |
| | cm | | $g/m^2$ | | |
| | cm | | $g/m^2$ | 下完雪后 20d 的厚度 | |
| | cm | | $g/m^2$ | cm | |
| | cm | | $g/m^2$ | | |

（续表）

| 植物种类 | 枯草高度 | 生产量 | 刚下雪积雪厚度 |
|---|---|---|---|
| | cm | g/m² | |
| | cm | g/m² | |
| 合计 | cm | g/m² | |
| 样地背景描述 | 描述内容包括（开始下雪时间、下雪持续时间、气温、积雪持续时间、牧户牲畜状况和生产方式等） | | |

注：从下雪后每 5d 测定一次。牧户联系方式：

**表 3-2　牧户观测点调查样表 2**

**Tab. 3-2　The second sample table of herdsman observation points**

| 样地号 | 1~1；1~2；1~3 | 相对位置 | 锡林郭勒盟东乌珠穆沁旗满都胡宝拉格镇 巴彦布日都嘎查 | | |
|---|---|---|---|---|---|
| 牧户姓名 | 达胡巴雅尔 | 地理坐标 | 2011 年 9 月 25 日植被高度 | | |
| 草地类型 | | 地貌类型 | | 土壤类型 | |
| 海拔高度 | | 测定时间 | 2011 年 11 月 13 日 11：37 | | |

测定内容

| 坡上标杆（1~1） | | 坡中标杆（1~2） | | 坡下标杆（1~3） | |
|---|---|---|---|---|---|
| 植物种类 | 枯草高度 | 植物种类 | 枯草高度 | 植物种类 | 枯草高度 |
| 高草 | 40cm | 高草 | 43cm | 高草 | cm |
| 中草 | 25cm | 中草 | 20cm | 中草 | cm |
| 矮草 | 6cm | 矮草 | 5cm | 矮草 | cm |
| 积雪厚度 | 5cm | 积雪厚度 | 5cm | 积雪厚度 | 5cm |
| 下完雪后 5d 的积雪厚度 11 月 19 日 | 5cm | 下完雪后 5d 的积雪厚度 | 5cm | 下完雪后 5d 的积雪厚度 | 5cm |
| 下完雪后 10d 的积雪厚度 11 月 25 日 | 3cm | 下完雪后 10d 的积雪厚度 | 3cm | 下完雪后 10d 的积雪厚度 | 3cm |
| 下完雪后 15d 的积雪厚度 12 月 1 日 | 2.5cm | 下完雪后 15d 的积雪厚度 | 2.5cm | 下完雪后 15d 的积雪厚度 | 2.5cm |
| 样地背景描述 | 描述内容包括（开始下雪时间、下雪持续时间、气温、积雪持续时间、牧户牲畜状况和生产方式等）<br>　　2011 年 11 月 11 日开始下雪。11 月 13 日的雪深：1~1：10cm；1~2：4cm；1~3：8cm<br>　　12 月 8 日 10：30 测的雪深也是 2~3cm，枯草高度 30cm；20cm 和 5cm。12 月 12 日和 13 日下了点雪，14 日上午测的雪深都到了 5cm。12 月 18 日的雪深也是 5cm；2012 年 1 月 18 日的雪深都到了 12cm 或 11cm | | | | |

注：从下雪后每 5 天测定一次

（2）收集雪灾评估相关数据资料。①盟及各旗、乡历年统计年鉴、旗志等；②各业务局、站相关资料（植被、土壤、水文资料、生产状况等）；③有关生产和管理模式的资料；④其他有关资料。

在锡林郭勒盟固定了 41 个观测点。其中 20 个观测点设在草甸草原，21 个观测点设在典型草原上。设观测点的时候也考虑地形地貌因子。

在锡林郭勒盟东乌珠穆沁旗选择了 6 个牧户 22 个观测点，其中 12 个观测点是丘陵地区，10 个观测点是平原地区。在西乌珠穆沁旗选择了 2 个牧户 7 个观测点。其中 4 个观测点是丘陵地区，3 个观测点是平原地区。在阿巴嘎旗选择了 3 个牧户 12 个观测点。其中 6 个观测点是丘陵地区，6 个观测点是平原地区。

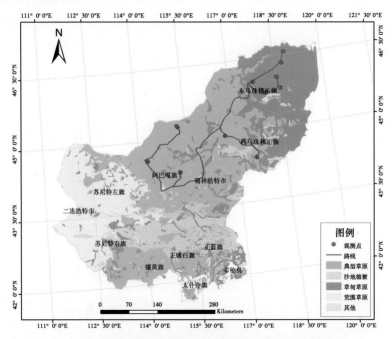

图 3-2　锡林郭勒盟雪灾野外实验固定观测点分布图

Fig. 3-2　Distribution of fixed observation points about field snow disaster experiment in Xinlinguole grassland

2011 年 11 月 8—17 日再次去锡林郭勒牧区野外调查，这次在原有的观测点的基础上增设了林缘草甸 6 个观测点、低地草甸 3 个观测点、草甸草原 1 个观测点和典型草原 1 个观测点。并且测量了所有观测点的植被高度、产量、光谱、土壤湿度、地表温度、植被温度和雪深等参数。因此我们在锡林郭勒牧区已建立包括林缘草甸、低地草甸、草甸草原和典型草原的野外固定观测点 52 个，涉及 14 个牧户，他们每个月滚动测量各观测点的植被高度、产量以及下雪后的雪深等参数。图 3-2 是雪灾野外固定观测点分布图，表 3-1 和表 3-2 是牧户观测点调查样表 1 和表 2；图 3-3 是野外固定观测点实验部分工作图片。

（3）每年草原盛草期的时候去一次调查（8 月）固定观测点，草原枯草期时候去 3 次调查。（11 月、1 月和 3 月），加上下雪的时候至少去 3 次调查。如果下雪大，交通封闭就跟牧护打电话联系让牧民测雪深、积雪日数等参数。

目前已有 2012 年和 2013 年的两个积雪季野外固定观测点实验数据。完全可以建立雪深模型。

2. 遥感数据

（1）FY-3B 被动微波数据。我国新一代极轨气象卫星 FY-3 上首次搭载的微波成像仪（Microwave Radiation Imager，MWRI），其设计频率为 10.65GHz、18.7GHz、23.8GHz、36.5GHz、89GHz 和 150GHz 等 6 个频率，每个频率有 V、H 两种不同极化模式，其中，150GHz 为试验通道，各频率的空间分辨率分别为 51km×85km、30km×50km、27km×45km、18km×30km、9km×15km。风云 3 号气象卫星资料中含有丰富的生态环境变化信息，能够利用被动微波遥感技术获取雪深、雪水当量等重要的积雪参数，并运用于宏观大尺度的积雪参数的动态监测和反演。

本研究从国家卫星气象中心网上下载 2011 年 10 月到 2013 年 3 月的 FY3B-MWRI 微波成像仪 L1 降轨数据 160 幅。利用 ENVI 软件打开下载的风云 3B 的 EARTH_ OBSERVE_ BT_ 10_ TO_ 89GHz 及 Latitude 和 Longitude 信息的数据，建立 GLT 文件。利用 GLT 文件对风云 3B 的原始数据进行几何校正。然后，原始数据的计数值转换成亮温数据，转换 ALBERS 投影后按内蒙古自治区的界限裁剪生成内蒙古的风云 3B 的亮温数据。

（2）MCD12Q1 数据。下载 2012 年的 MODIS 数据的土地覆盖类型产品 MCD12Q1，根据国际地圈生物圈计划（IGBP）的分类标准来提取内蒙古自治区的草原牧区，研究区由 6 幅 MCD12Q1 拼接而成，空间分辨率为 500m。

（3）MOD10A1 数据。MOD10A1 是 MODIS 的逐日积雪产品，用于草原牧区积雪覆盖区域的提取，数据的格网分辨率为 500m。本研究每年 10 月至翌年 3 月定义为一个积雪季节，研究区的 2 个积雪季的共 2160 幅影像数据从美国国家雪冰中心（National Snow and Ice Data Center，NSIDC）网站下载。

图 3-3　野外固定观测点实验的部分工作图片

Fig. 3-3　Somesampling pictures of field fixed
observation points experiment

3. 气象数据

呼伦贝尔市草原牧区没有野外固定观测点实验数据，因此，利用了内蒙古气象局提供的呼伦贝尔市 7 个气象站点的雪深、雪压和气温数据（2011年 10 月至 2013 年 3 月）。

# 第二节　积雪深度反演模型建立

## 一、被动微波遥感原理

被动微波辐射计是测量地球表面入射辐射的亮度温度的遥感仪器，并推算地球表面的物理温度和发射率。微波辐射的波长一般 3~6cm，或频率为 5~100GHz。它向下观测，是一种有效的无线电探测仪，可以穿透多数云层的微波技术，也提供了多种频率和极化方式。被动微波的空间分辨率较低，但是有很宽的扫描幅宽，具有全天时和全天候的特点。

雪覆盖的地球表面的向上微波辐射包括雪层本身的辐射和雪下的下垫面的辐射。对干雪而言，在微波低频波段，主要受雪下的下垫面特性的影响。而在高频波段，由于雪颗粒的体散射起着重要作用，积雪辐射对雪水当量和雪颗粒大小很敏感（Hofer R 等，1980；Rott H 等，1991）。雪层越深，雪粒对微波辐射的散射强度就越强（Ulaby F T 等，1981），而到达传感器的辐射强度就越弱。频率越高，散射作用也越强。36.5GHz 通道对于积雪的散射作用相当敏感，而 18.7GHz 通道在一定雪深范围内的散射作用比较弱；随着雪深的增加，36.5GHz 的亮温值下降，而 18.7GHz 通道的亮温则基本保持不变，因此，利用积雪对不同频率的敏感性不同来探测地表积雪雪深和雪水当量。对湿雪而言，雪中的微小水分含量改变雪的辐射特性，当湿度达到 1%~2%，亮温在频率 37GHz 比同样物理温度的干雪高出 100K（曹梅盛等，2006）。因此，很容易区分湿雪和干雪，监测雪的消融与冻结。对湿雪，亮温的观测只能反映积雪表面很浅一层的信息，没有办法反演积雪深度和雪水当量，一般反演雪深时剔除湿雪。目前通常采用的雪深反演亮温梯度算法是 18.7GHz 和 36.5GHz 频率的亮温差来反演雪深。在国内，孙知文等（2007）积雪判别时引入积雪覆盖度产品来发展基于被动微波遥感的中国地区的雪深半经验算法。张显峰（2014）和蒋玲梅（2014）等考虑了浅雪和厚雪的条件引入了 10.7GHz 和 89GHz，利用这 4 个频率的 8 个通道组合的亮温数据来建立中国区域雪深统计回归拟合雪深算法。

## 二、内蒙古草原牧区雪深反演算法的建立

### 1. 数据筛选

采用 MODIS 数据的土地覆盖类型产品 MCD12Q1，根据国际地圈生物圈计划（IGBP）的分类方案的草地类型来提取内蒙古自治区的草原牧区。然后 2 个积雪季的逐日积雪产品 MOD10A1 拼接按研究区裁剪后跟土地覆盖类型产品 MCD12Q1 生成的内蒙古草地类型的影像叠加，并剔除非雪像元后生成内蒙古草原牧区积雪覆盖区域的数据，以保证在有积雪覆盖区域的像元上进行雪深反演。

寒漠、降水和冻土的散射特征跟积雪相似，为了获得可信的积雪像元，首先剔除这些相似的非积雪像元，避免使用被动微波数据进行雪深反演的干扰。此外，湿雪与干雪不一样，它的含水量比干雪高，影响雪覆盖对微波辐射的吸收作用，导致体散射急剧下降，降低积雪厚度反演精度。因此要在建立内蒙古草原牧区雪深反演模型时剔除掉含水量高的湿雪的像元以及一些不合理的雪深观测数据，采用如下方法对观测数据进行进一步筛选。

（1）被动微波遥感影像常有裂隙，因此要剔除裂隙中的无效的观测点的雪深值以及没有图像的像元的观测点的雪深值。

（2）被动微波遥感影像的 18.7GHz 和 36.5 GHz 频率的双极化亮温差数据只能反演到大于 3cm 的雪深，因此，本研究剔除了观测点雪深<5cm 的观测样本。

（3）考虑到湿雪，只使用了上午的 FY-3B 降轨数据以避免下午积雪融化形成湿雪，内蒙古草原牧区冬季日平均气温大于-7℃时，最高温大于 0℃，积雪会开始融化，因此剔除了平均气温大于-7℃的观测雪深值。

（4）深霜层也有跟积雪相似的特征，也影响雪深反演的精度。深霜层冬天一般在积雪覆盖较浅的时候容易形成，因此，本研究剔除了雪深小于 5cm 的观测点样本。

（5）通过 MODIS 的土地覆盖产品只提取了草地，因此，进一步去除了不同下垫面的干扰，比如水体和森林等的影响。

通过以上方法筛选雪深观测值，利用国产卫星风云 3B 的亮温差值与实测雪深进行拟合回归分析，建立内蒙古草原牧区基于国产卫星 FY-3B 微波亮温数据的雪深反演模型。

### 2. 雪深与亮温关系

本研究选用国产卫星风云 3B 的 4 个频率（10.7GHz、18.7GHz、

36.5GHz 和 89 GHz）的双极化 8 个通道组合反演雪深，低频 10.7GHz 与 18.7GHz 可以反映积雪覆盖层下面地表信息，36.5GHz 频率则对积雪体散射的敏感性很高、亮温差可以反映积雪雪深信息，由于内蒙古地区的积雪分布普遍较浅，参考张显峰等（2014）和蒋玲梅等（2014）的雪深反演模型引入了 89GHz 的观测，以便更好地识别浅雪。本研究没有考虑大气对雪深反演的影响，因此没有对 FY-3B 数据进行大气校正。内蒙古风云 3B 亮温差与雪深的散点图（图 3-4）揭示，18h 和 36h 的亮温差和实测雪深的决定系数 $R^2$ 为 0.49，18v 和 18h 的亮温差与雪深的决定系数 $R^2$ 为 0.0001，几乎没有相关性，10v 和 89h 的亮温差与雪深的决定系数 $R^2$ 为 0.17，18v 和 89h 的亮温差与雪深的决定系数 $R^2$ 为 0.14。因此本研究利用 18h~36h、10v~89h 和 18v~89h 的亮温差，建立基于国产卫星 FY-3B 的内蒙古草原牧区雪深统计回归算法。

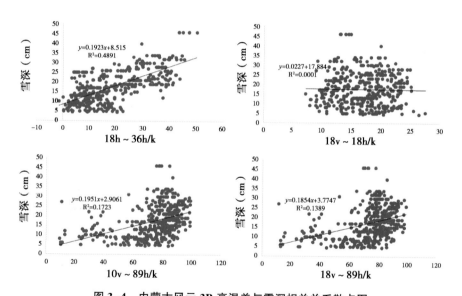

图 3-4　内蒙古风云 3B 亮温差与雪深相关关系散点图

Fig. 3-4　Correlation scatter diagram of FY 3B brightness temperature and snow depth in Inner Mongolia

3. 雪深反演模型建立

萨楚拉等（2012；2013）研究表明，内蒙古的草原牧区尤其呼伦贝尔高原以及乌珠穆沁盆地是雪灾多发区，这些区域都是草原牧区。考虑到下垫面的干扰，本研究只选取了内蒙古的草原牧区，利用 MODIS 数据的土地覆盖类型产品 IGBP 的分类方案只提取了内蒙古的草原牧区。判识积雪覆盖方面，采用 MODIS 的 MOD10A1 积雪产品，先提取积雪覆盖范围，然后经上述数据筛选剔除湿雪观测后，在利用蒋玲梅等的雪深算法的基础上，进行各波段亮温差和实测雪深的相关性分析，再利用有效样本的 18h 和 36h 的亮温差、10v 和 89h 亮温差及 18v 和 89h 亮温差值和实测雪深进行拟合分析，得到基于 FY-3B 的内蒙古草原牧区积雪深度反演算法：

$$SD = 0.5349 \times d18h36h - 5.8052 + 10.8228 \times exp(-0.0801 \times d10v89h + 0.0833 \times d18v89h)$$

式中，SD 表示内蒙古草原牧区反演的雪深值，单位为 cm。公式中的字符组合：d 表示差值；10、18、36 和 89 表示 FY3B-MWRI 微波成像仪 L1 降轨数据的对应亮温通道；v 表示垂直极化；h 表示水平极化。例如，d10v89h 表示 10.65GHz 垂直极化和 89GHz 水平极化的亮温差。

本研究选择了下垫面为草原牧区，草地是低矮植被，因此对反演积雪厚度的干扰作用小，选用 18.7GHz 与 36.5GHz 的 H 极化亮温差对雪深较为敏感。在发展雪深算法时加入 89GHz 的观测，以便更好地识别浅雪。其模型拟合决定系数 $R^2$ 为 0.59，通过了 0.01 的显著性水平的统计学的 F 检验。因此拟合模型是合理的，具有显著的统计学意义。

## 三、精度验证

雪深算法的精度与决定系数（$R^2$）、均方根误差（RMSE）和平均相对误差（MRE）有关系。$R^2$ 的大小决定实测值与模拟值相关的密切程度，R 越接近 1，表示相关的雪深算法参考价值越高；相反，越接近 0，表示参考价值越低。均方根误差是用来衡量估算雪深与实测雪深值之间的偏差，说明样本的离散程度。平均相对误差则能量化比较估算的雪深与实测雪深值的一致性，这个指标也体现了算法的精度。其计算公式如下（Tong Jinjun 等，2010）：

$$MRE(\%) = \frac{\sum |SD_{Microwave} - SD_{insitu}| \div SD_{insitu}}{n} \times 100 \qquad (3-1)$$

本研究选择 2011 年 10 月到 2013 年 3 月两个积雪季的有效的观测雪深值来做反演模型，并将 2012 年的部分 84 个观测雪深数据用于算法的验证，内蒙古草原牧区反演雪深的验证结果见图 3-5，模型拟合相关系数 $R^2$ 为 0.59，均方根误差为 3.12cm，平均相对误差为 18%。因此本模型反演的雪深值与观测的雪深值有很好的一致性。

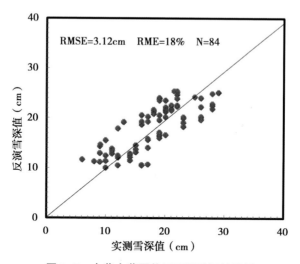

图 3-5　内蒙古草原牧区雪深验证结果图

**Fig. 3-5　Validation results map of snow depth in Inner Mongolia grassland pastoral area**

## 第三节　模型应用案例

利用野外固定观测点和国产卫星风云 3B 微波亮温数据建立适合内蒙古草原牧区的雪深模型，且其精度验证后反演了内蒙古草原牧区 2012 年 12 月中旬到 2013 年 1 月上旬雪深的结果。表 3-3 雪深反演面积统计揭示，2012 年 12 月中旬至 2013 年 1 月上旬，雪深分级为 0~10cm 和 10~15cm 区域的面积为从 12 月中旬到 12 月下旬时面积增加，然后到 2013 年 1 月上旬时减少了。其中雪深 0~10cm 的区域从 12 月中旬的 $2.45 \times 10^4 km^2$ 增加到 $1.085 \times 10^5 km^2$，然后减少到 1 月上旬时面积为 $7.84 \times 10^4 km^2$。雪深 10~15cm 的区域从 12 月中的 $9.57 \times 10^4 km^2$ 增加到 $1.244 \times 10^5 km^2$，然后减少到 1 月上旬时面积为 $9.97 \times 10^4 km^2$。雪深 15~20cm 的区域从 12 月中旬的 $2.162 \times 10^5 km^2$ 减少到 $1.952 \times 10^5 km^2$，然后又减少到 1 月上旬时面积为 $1.745 \times 10^5 km^2$。雪深 20~30cm 的区域从 12 月中旬的 $7.28 \times 10^4 km^2$ 增加到 $9.58 \times 10^4 km^2$，然后又增加到 1 月上旬时面积为 $1.32 \times 10^5 km^2$。这表明 2012 年 12 月的下旬和 2013 年 1 月上旬时这些地区继续降雪导致 10~15cm 雪深区域面积继续减少和 20~30cm 雪深区域的面积继续增加。

表3-3　内蒙古草原牧区2012年12月中旬到2013年上旬雪深反演面积统计

Tab. 3-3　Statistical inversion of snow depth area from mid December 2012 to early January 2013 in Inner Mongolia grassland pastoral area

| 雪深分级<br>（cm） | 2012年12月上旬<br>面积（km²） | 2012年12月下旬<br>面积（km²） | 2013年1月上旬<br>面积（km²） |
|---|---|---|---|
| 0～10.0 | 24500 | 108500 | 78400 |
| 10.1～15.0 | 95700 | 124400 | 99700 |
| 15.1～20.0 | 216200 | 195200 | 174500 |
| 20.1～30.0 | 72800 | 95800 | 132000 |
| 合计 | 409200 | 523900 | 484600 |

　　空间上，显著变化的是雪深15～20cm和20～30cm的区域（图3-6）。雪深20cm以上的区域在2012年12月上旬主要分布在新巴尔虎左旗、鄂温克旗、东乌珠穆沁旗东北部、西乌珠穆沁旗和锡林浩特市南部。到2013年1月上旬的时候这些区域继续降雪，10～15cm的雪深区域转变为20～30cm的雪深区域空间上不断扩大，主要分布在锡林郭勒草原和呼伦贝尔草原区。另外，内蒙古有气象数据的2012年12月下旬降雪的气象站点有海拉尔、博克图、小二沟、扎兰屯、索伦、乌兰浩特、达尔罕联合旗、包头和呼和浩特等站点，2013年1月上旬下雪的气象站点有新巴尔虎左旗、图里河、小二沟、阿尔山、索伦、东乌珠穆沁旗、海力素、锡林浩特等气象站点。因此监测结果与气象部门同时期的气象站点的降雪量有较好的吻合。这些雪深大于20cm的区域应该合理规划草地利用方式，加强饲料储备和调整生产方式，相关行政管理部门要部署和实施牧区雪灾防灾减灾和救助工作。

　　综上所述，利用模型对内蒙古草原牧区2012年12月中旬到2013年1月上旬雪深变化进行了一个月连续监测的结果表明，随着降雪量的不断累积，原始的低雪深面积分布逐渐向高雪深的积雪覆盖面积过度，并且高雪深分布的面积占主导地位。雪深20cm以上的区域面积显著增加，增加的面积为$5.92×10^4$km²，空间范围从新巴尔虎左旗、鄂温克旗、东乌珠穆沁旗东北部、西乌珠穆沁旗和锡林浩特市南部扩大到锡林郭勒草原全境和呼伦贝尔草原东部。并且监测雪深变化与气象部门同时期的气象站点的降雪量有很好的一致性。

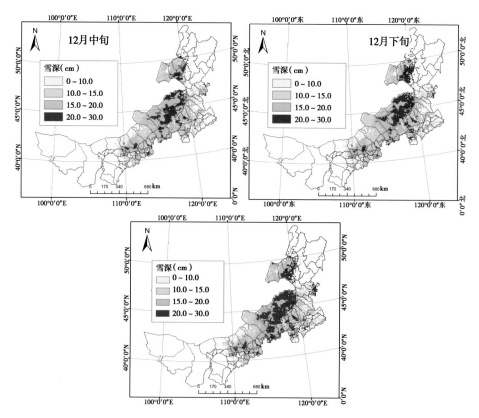

**图 3-6　内蒙古草原牧区 2012 年 12 月中旬、下旬和 2013 年 1 月上旬平均雪深反演图**

**Fig. 3-6　The inversion map of snow depth in mid and late December 2012 and early January 2013 in Inner Mongolia grassland pastoral area**

## 第四节　结论与讨论

采用星载微波成像仪（MWRI）的亮温数据，能有效获取内蒙古草原牧区的雪深信息，这不仅推动国产卫星传感器在积雪灾害监测中的应用，而且对于推动国产被动微波传感仪器的改进与发展具有重要意义。

利用国产卫星 FY-3B 的亮温数据，结合野外实验固定观测点雪深数据，建立了基于国产卫星风云 3B 的适合于内蒙古草原牧区的雪深反演模型，模型拟合相关系数 $R^2$ 为 0.59，精度验证的均方根误差为 3.12cm，平均相对误差为 18%。模型反演的雪深值与观测的雪深值有较好的一致性。

　　利用模型对内蒙古草原牧区 2012 年 12 月中旬到 2013 年 1 月上旬雪深变化进行了一个月连续监测的结果表明，随着降雪量的不断累积，原始的低雪深面积分布逐渐向高雪深的积雪覆盖面积过度，并且高雪深分布的面积占主导地位。雪深 20cm 以上的区域面积显著增加，增加的面积为 59200km$^2$，空间范围从新巴尔虎左旗、鄂温克旗、东乌珠穆沁旗东北部、西乌珠穆沁旗和锡林浩特市南部，扩大到锡林郭勒草原全境和呼伦贝尔草原东部。并且监测雪深变化与气象部门同时期的气象站点的降雪量有很好的一致性。

　　从总体上看，被动微波遥感数据的空间分辨率低，但它的时间分辨率高和微波穿透云层的特征，在反演雪深和雪水当量方面具有不可替代的作用。本研究雪深反演时采用了对浅雪敏感的高频 89GHz 频率及雪层底下的下垫面敏感的 10.7GHz，并与 18.5GHz 和 36.5GHz 四个频率组合，开展了下垫面为草地的雪灾多发的内蒙古草原牧区的雪深反演算法。考虑到气象站点资料只是点分布数据，分布不均匀，在一个旗县基本上只有一个站点，不能代表整个区域积雪的整体状况。因此，开展雪灾多发区固定多个观测点的野外实验方法发展了星载辐射计的雪深反演算法。本算法与蒋玲梅的中国区域算法比较，该模型的相关系数 $R^2$ 高于她的相关系数 0.58，但是均方根误差略高于她的值 2.74。偏差主要出现在呼伦贝尔市的大兴安岭附近的观测点以及锡林郭勒盟西乌珠穆沁旗的林区附近的观测点的雪深值。原因是本研究提取草原牧区时利用 MODIS 数据的土地覆盖类型产品的草地类型，没做验证，被混合像元干扰引起的。雪深偏差大的区域都是森林附近，森林植被高大，并且森林本身的辐射影响着被动微波高低频亮温差对积雪雪深的敏感性，导致反演值低估实测值。另外，地形的复杂性和地面积雪覆盖有着非均一性特点，以及风对积雪的二次搬迁等现象改变了积雪表面特征，影响了模型反演结果。该模型适合于内蒙古草原牧区的 5~35cm 的雪深反演。针对深雪的微波遥感反演方法及当雪深小于 5cm 时的反演还有待进一步探索。另外随着时间的变化导致积雪的物理性质改变，在今后的研究中要考虑风对积雪的二次分配、雪粒径和雪密度的动态变化以及地基微波辐射计的实验来改进积雪参数的动态反演模型。

# 第四章　内蒙古草原牧区雪灾快速监测评估

　　雪灾指的是因降雪导致大范围积雪、暴风雪、雪崩，严重影响人畜生存与健康，或对交通、电力、通信系统等造成损害的自然灾害（吴玮等，2013）。而牧区雪灾则是由于降雪过多、积雪过厚和维持时间长，造成了掩埋牧草，使牲畜无法正常采食，此时如果饲草料储备不足或棚圈设施较差，加上雪后常出现的大风和剧烈降温，致使牲畜挨饿受冻、瘦弱掉膘、母畜流产，仔畜成活率降低，老、弱、幼畜死亡率增高的一种自然灾害（吴玮等，2013）。在我国，雪灾有着显著的季节性特点，内蒙古地区的雪灾一般集中发生在当年 10 月到翌年的 3 月。空间上集中分布在内蒙古大兴安岭以西、阴山以北地区（郝璐等，2002）。由于牧区雪灾属于突发性自然灾害，发生频率高、季节性强，不仅影响冬季放牧，更严重威胁着由于前期旱灾和低温冰冻灾害累积造成的已十分脆弱的冬季畜牧业生产，它是制约草原牧区畜牧业持续稳定发展的重要致灾因子（魏玉蓉等，2001；宫德基等，2000）。

　　根据前人的研究，牧区雪灾灾情监测识别、等级划分和雪灾评估方面主要是利用气象站点的雪深、积雪日数、积雪掩埋牧草高度、积雪面积比等参数开展，进而进行雪灾监测方法及牧区雪灾等级指标研究，并在此基础上制订了相关的牧区雪灾等级国家标准（李友文等，2000；林建等，2003；李海红等，2006）。近年来，多项研究（梁天刚等，2006；周秉荣等，2006；张国胜等，2009；王博等，2014；李兴华等，2014）利用卫星遥感、GIS 开展积雪面积和雪深监测，并综合考虑雪情、草情、畜情和气象因素，建立了不同区域牧区雪灾评估及预警方法研究。

　　本研究在对内蒙古近 10 年积雪面积、积雪日数和雪深的时空动态监测的基础上，选取内蒙古雪灾多发区域呼伦贝尔草原和锡林郭勒草原，开展快速实时的雪灾监测与应急评估，这对于牧区雪灾应急管理，防灾、减灾具有重要意义。

## 第一节　雪灾监测指标的确定

前已述及，牧区雪灾是自然界的降雪作用于草原牧区的产物，它是人与自然之间关系的一种表现。由于草地牧区雪灾的最终承灾体是草地、牲畜、建筑设施等人类及人类社会的集合体，所以只有对承灾体的部分或整体造成直接或间接损害的降雪才能被称为雪灾。因此本研究从灾害学的角度出发，依反映草原牧区实际雪灾产生的等级选取了积雪覆盖率、雪深、积雪持续时间和牧草高度等雪灾监测的指标来监测草原牧区受灾面积、受灾人口和受灾牲畜。

## 第二节　数据源及处理

### 一、积雪覆盖率提取数据及处理

1. 数据源

网上下载 2012 年 12 月中旬到 2013 年 1 月上旬的 MODIS 地表反射率产品 MOD09A1。

下载同时期 MODIS 1B 500 m 分辨率影像数据。本研究使用了 MODIS 1、2、4、6 波段数据，其中 1、2 波段分辨率为 250m，4、6 波段分辨率为 500m，为了统一精度，这里使用了 500 m 分辨率数据。

从中国气象共享网下载内蒙古各气象站点的 2012 年 11 月和 12 月逐日降水量和气温数据，用于对比积雪覆盖率反演模型效果。

2. 数据处理

MODIS 地表反射率产品 MOD09A1 是在快速提取积雪面积时，用下载的 h25v03、h25v04、h25v05、h26v03、h26v04 和 h26v05 等 6 幅影像拼接，转换投影后按内蒙古行政界线裁剪生成内蒙古的地表反射率数据。

MODISL1B 数据是用于积雪面积的实时监测，数据的预处理比反射率产品复杂。因此快速监测积雪面积时一般用 MOD09A1 产品，如果需要实时监测时才使用 MODISL1B 数据。MODISL1B 普遍存在条带噪声问题，因此首先利用 ENVI 软件的坏道修复（ReplaeingBadLineS）功能去除影像条带噪声。然后，利用 MODISTOOLS 工具对去条带后的 MODIS 数据进行"Bow-tie 效应"处理消除影响，并导出 MODIS 数据本身自带地面控制点（CCP）数据，对影像进行几何精校正转换成 ALBERS 投影。最后，利用 ENVI 软件 FLASSH 模块对经过上述处理的数据进行大气校正获得 MODIS 影像 1~7 波段的反射率数据（孙勇猛等，2013）。

## 二、雪深提取数据及处理

下载 2012 年的 MODIS 数据的土地覆盖类型产品 MCD12Q1，根据国际地圈生物圈计划（IGBP）的分类标准来提取内蒙古自治区的草原牧区，研究区由 6 幅 MCD12Q1 拼接而成，空间分辨率为 500m。

在国家卫星气象中心网上下载 2012 年 12 月中旬到 2013 年 1 月上旬的 FY3B-MWRI 微波成像仪 L1 降轨数据 29 幅。利用 ENVI 软件打开下载的风云 3B 的 EARTH_ OBSERVE_ BT_ 10_ TO_ 89GHz 及 Latitude 和 Longitude 信息的数据，建立 GLT 文件。利用 GLT 文件对风云 3B 的原始数据进行几何校正。然后，原始数据的计数值转换成亮温数据，转换 ALBERS 投影后按内蒙古自治区的界限裁剪生成内蒙古的风云 3B 的亮温数据。

## 三、其他数据

2012 年 8 月份的牧草资料来自野外固定观测点实验数据；呼伦贝尔地区的牧草高度来自草地生态气象监测站；以及 2013 年内蒙古统计年鉴的各旗县人口和牲畜存栏头数等。

# 第三节　积雪覆盖率提取

目前，利用混合像元分解方法和基于统计法的积雪覆盖率算法来研究像元内的积雪覆盖率。混合像元分解法虽然精度较高，但算法的复杂性已影响了其业务化的快速监测推广以及在全球尺度下的应用。能否快速有效地获取积雪信息是认识积雪灾害特征的关键，也是草原牧区雪灾防御工作的基础。本研究主要在第三章的内蒙古长时间序列的积雪面积、积雪日数、雪深、初雪日期和终雪日期等的时空特征的基础上得出内蒙古的主要雪灾发生的区域，并在积雪面积提取时引用了张颖等的分段积雪覆盖率模型，对内蒙古草原牧区的雪灾多发区域实时快速的监测。

## 一、可见光积雪遥感监测原理

利用光学遥感监测积雪是根据云、雪以及雪底下的地球表面不同下垫面等不同观测物的光谱差异来实现的，通过对积雪本身的光谱特性分析以及积雪与不同类型的云、晴空陆表和水体等目标物的光谱特性差异分析，选择相应的通道，采用多通道阈值法和统计方法等提取积雪信息。

1. 积雪反射率特征分析

积雪在可见光—近红外波段以反射为主，具有很高的反射率，在短波红外波段，以吸收为主，反射率较低。根据美国陆军寒区研究与工程实验室室内测量积雪可见光近红外区结果（图4-1，入射光和反射光天顶角均为5°，波长范围在0.3~2.5μm，分辨率为10nm，该结果成为检验理论模式的主要依据）表明，积雪在可见光区受雪粒大小及污化等影响，反射率在0.6~0.95之间，同一雪样反射率波动不大，进入近红外区反射率急速下降，1.03μm附近出现波谷后继续下降，1.5~1.6μm波谷处降至0.05以下；此后积雪反射率缓慢上升，到1.96μm波长处约达0.12后又继续波动下降。积雪反射率与积雪粒径、观测角度以及雪的杂质含量等有关。

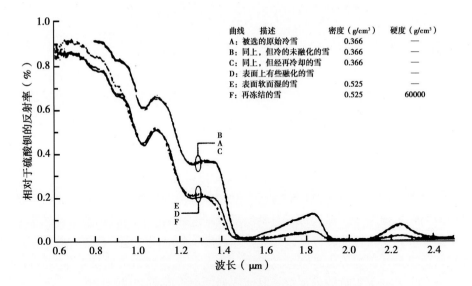

图4-1  不同雪条件下被筛选出的雪面反射率随波长的变化

（o'Brien 和 Munis, 1975）

Fig. 4-1  Changes of snow surface reflectance with wavelength under different snow conditions

积雪粒径的差异对积雪的反射率会带来影响，雪粒径越大，反射率越低（图4-2）。入射光散射时穿越冰粒的路程，随冰粒增大而加长，冰粒对光能的吸收也加强。所以，随着积雪粒径增大，积雪反射率下降。野外实测表明，这种随粒径增大导致的反射率下降在近红外区大于可见光区。保持粒径不变的人工压密试验证实，积雪在可见光近红外区的反射率随雪密度加大并未下降（图4-1）。粒径加粗，雪密度必然增加，导致积雪反射率随密度增加而下降。陈雪的反射率同样低于新雪，其原因主要也在于雪粒在低温环境下逐渐圆化和粗化。

雪中水的含量易影响到雪面反射率，因此湿雪的反射率低于干雪。由于冰和水在可见近红外区的复折射指数很相近，所以，雪中水引起的反射波谱下降主要源自入射光穿越水膜包围的冰粒时有效路径增长，干雪的反射率高于湿雪，并且湿雪重新冻结后反射率下降不明显。

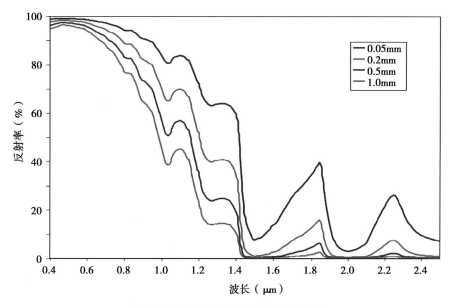

图 4-2　不同积雪粒子的光谱反射率

Fig. 4-2　Spectral reflectance of different snow particles

观测角度同样会带来雪面反射率的变化。斜射光在雪面发生首次散射时，它不被冰粒直接吸收的概率要比垂直入射高。加之冰粒的不对称散射作用，随太阳天顶角加大，雪面反射率将增加。近红外区冰的吸收系数迅速提高，所以太阳天顶角加大引起的反照率增加主要在近红外区，但可见光区仍有上升。Peyto 冰川的冰面测量表明，冰雪反照率早晚高于中午。卫星观测角度的变化同样会带来雪面反射率的变化，图 4-3 为 D K Hall 实测的各种观测角度条件下的雪面反射率曲线，随着观测角的增大，雪面反射率增大。

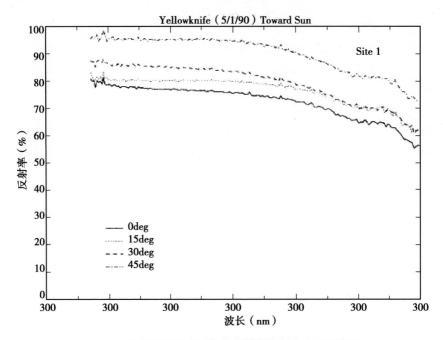

**图4-3 不同观测角度时获取的雪面反射率曲线分布图**

（D K Hall 等，1990，太阳天顶角为58°，雪深在18cm左右）

**Fig. 4-3 Curve of the snow surface reflectance obtained under different observation angles**

积雪中含有污化杂质（即使杂质含量很少时）时，可见光区反射率立即下降明显，并且粗粒雪对污化的反应比细粒雪更为明显。大多数情况下，积雪中都含有一定的杂质，可见光区极高的积雪反照率，只能在极地内陆的无污染雪面才能观测到。

综上所述，积雪在可见光近红外短波红外区的反射率受到多种因子的影响，积雪粒径、观测角度、雪的污化度以及雪面粗糙度等都会影响雪面的反射率。

2. 云、晴空陆表、水体与积雪的光谱特性差异分析

图4-4、图4-5给出了积雪、云、植被、裸地及水体在可见光—短波红外波段的反射率分布曲线，从分布曲线分析，总体来说，云（水云、冰晶云、卷云等）、晴空陆表（裸地和植被区）、水体与积雪在多个通道存在较大的光谱特性差异，这种差异使得利用现有的卫星遥感资料开展积雪监测可

获得较高的精度。

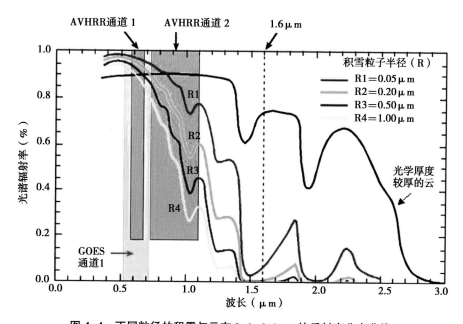

图4-4　不同粒径的积雪与云在0.4~3.0μm的反射率分布曲线

Fig. 4-4　Distribution curve under 0. 4~3. 0μm reflectance of
different size of snow and cloud

在可见光波段，积雪反射率较高，云的反射率跟雪相近也较高，而地表的反射率较低。因此雪和云跟地表很容易识别分类。

在近红外波段（0.8~1.1μm）处，云和雪的反射率仍然较高，但是水体的反射很低，地表植被的反射率低于云和雪，而且明显高于水体和裸土。利用此差异识别分类植被、水体和裸土。

在近红外卷云通道（1.385μm），积雪、水云、陆表等具有较低的反射率，与中高云（冰晶云、卷云等）区分明显。

在短波红外波段（1.6μm和2.0μm），积雪以吸收为主，具有极低的反射率，但是水云在短波红外波段处的反射率仍然很高，这一特点可用于识别积雪和在其他多个通道与积雪具有十分相似的光谱特性的水云。

在远红外波段（10.3~11.3μm）处，积雪的温度通常高于高云的温度，仍然相近于中低云的温度，因此，该波段处可识别分类积雪和高云。另外积雪融化时期，积雪表面温度通常低于相邻的无雪区，因此该波段处可识别分

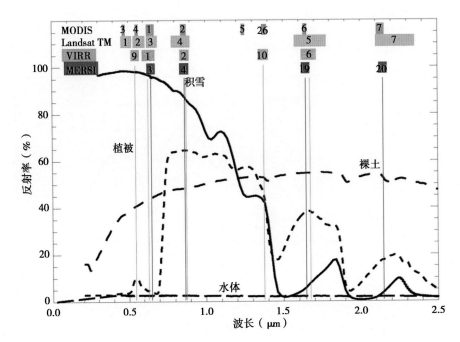

图 4-5 积雪、植被、裸土与水体在 0.4~2.5μm 的反射率分布曲线

Fig. 4-5 Distribution curve under 0.4~2.5μm reflectance of snow, vegetation, soil and water

类积雪区和无积雪区。如果不是融雪期，寒冷的冬天积雪区域和无积雪区域的温度相近，此情况下不能识别分类积雪区和无积雪区。

根据以上积雪、云、裸地、水体、植被等目标物的光谱特性，可以利用不同光谱波段的资料，提取积雪信息。气象卫星（包括 FY-1C/D、FY3A、NOAA 极轨气象卫星和 FY-2C/D、MTSAT 静止气象卫星等）、环境卫星 EOS、资源卫星（包括 CBERS、TM 等），均装载有可见光和红外波段探测仪器，尤其，FY-1C/D VIRR（可见光、红外扫描辐射计）、FY3A/VIRR、FY3A/MERSI、EOS/MODIS（中分辨率成像光谱仪）资料中同时含有可见光、近红外、短波红外、中红外、远红外通道，单颗星一天可覆盖我国中高纬度地区两次（白天/夜间），十分有利于开展积雪监测。

## 二、研究方法与精度验证

### 1. 研究方法

积雪混合像元是指像元对应的地表只有部分区域被积雪覆盖，像元由积雪和非积雪地物构成。MODIS 数据的空间分辨率 500m，混合像元出现的概率比较大。本研究利用了张颖等（2013）的积雪覆盖率分段模型：

当 NDSI≤-0.5777 时，FRA =0；

-0.1038≥NDSI>-0.5777 时，FRA =0.53 +1.39NDSI；

0.7085>NDSI>-0.1038 时，FRA =0.22 +1.23NDSI；

NDSI≥0.7085 时，FRA =1；

式中，FRA 为积雪覆盖率，NDSI 为归一化差分积雪指数。

2. 精度验证

张颖等（2013）下载了 2005 年 10 月 17 日的 1 景 TM 影像为真值，验证了积雪覆盖率分段模型。其绝对平均误差由 MODIA10A1 产品的 0.25 降低到 0.18，标准误差由 MODIA10A1 产品的 0.35 降低到 0.22，并把分段模型与真值积雪覆盖率的相关系数由 MODIS10A1 积雪产品的 0.74 提高到 0.85。

## 三、结果与分析

本研究利用 2013 年 1 月上旬的 MODIS09A 数据，及上述的分段模型反演的内蒙古草原牧区积雪覆盖率。图 4-6 揭示了 2013 年 1 月上旬内蒙古草原牧区积雪覆盖率，除了鄂尔多斯以外内蒙古大部分地区都有积雪覆盖。一些研究表明，根据内蒙古的实际情况，冬季降水量超过 3mm 就形成雪灾（梁凤娟等，2014），本研究统计了 2012 年 11 月和 12 月的降水量，大于 3mm 以上的降水量的站台有新巴尔虎右旗、新巴尔虎左旗、海拉尔、阿尔山、索伦、乌兰浩特、东乌珠穆沁旗、西乌珠穆沁旗、锡林浩特、阿巴嘎旗、那仁宝力格、满都拉、二连浩特、苏尼特左旗、珠日和、达尔罕联合旗、四子王旗、化德、包头、呼和浩特、集宁、扎鲁特旗、巴林左旗、林西、开鲁、通辽、多伦、翁牛特旗、赤峰和宝国图等站台。本研究反演的积雪覆盖率区域跟冬季有降水量的气象站点的区域较好的吻合。因此，所用的分段积雪覆盖率模型符合内蒙古草原牧区的实际降雪覆盖。

## 四、结论

本研究利用的分段积雪覆盖率模型能有效快速提取内蒙古草原牧区的积雪覆盖率，并与内蒙古草原牧区的各气象站点冬季降水量对比揭示了本模型反演的积雪覆盖率符合内蒙古草原牧区的实际情况。2013 年 1 月上旬内蒙古草原牧区积雪覆盖率，除了鄂尔多斯以外内蒙古大部分地区都有积雪

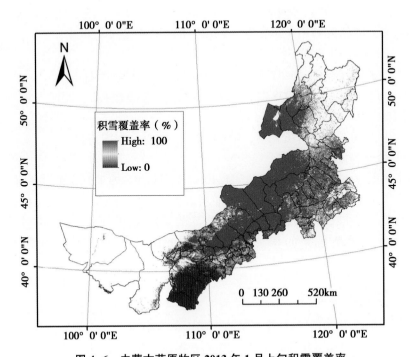

图 4-6　内蒙古草原牧区 **2013 年 1 月上旬积雪覆盖率**

**Fig. 4-6　Snow cover map in early January 2013 in Inner Mongolia
grassland pastoral area**

覆盖。

　　在上述第三章内蒙古积雪时空特征研究的基础上，对雪灾发生频率高的区域应快速实时的监测。本研究积雪面积监测时体现快速，利用了 MODIS 的地表反射率 8d 合成产品 MOD09A1。如需要应急实时监测就 MODIS 产品而言，数据会落后于实际时间 3～4d，因此要结合 MOD09A1 产品和 MODIS 1B 原始数据，利用分段积雪覆盖率模型来反演内蒙古草原牧区积雪覆盖率，完成积雪面积快速监测技术。

## 第四节　积雪深度提取

　　本研究利用上述基于风云 3B 建立的雪深反演模型，反演了内蒙古草原牧区 2012 年 12 月中旬到 2013 年 1 月上旬的平均雪深。结果（图 4-7）显示，雪深 20cm 以上的区域主要分布在锡林郭勒草原和呼伦贝尔草原区。这些地区应该合理规划草地利用方式，加强饲料储备，草原牧民要调整生产方式，相关行政管理部门要部署和实施牧区雪灾救助及防灾工作。

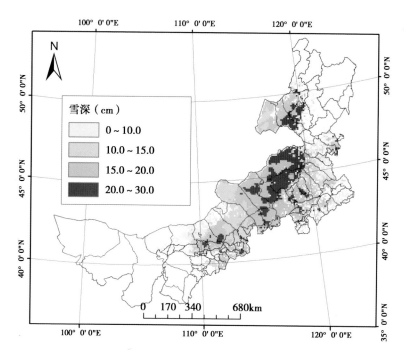

图4-7 内蒙古草原牧区2012年12月中旬到2013年1月上旬的平均雪深图

**Fig. 4-7 The average snow cover depth from mid December 2012 to early January 2013 in Inner Mongolia grassland pastoral area**

# 第五节 雪灾快速评估技术

## 一、雪灾评估数据库建立

以上述快速监测的2012年中旬到2013年上旬内蒙古草原牧区的积雪覆盖率、雪深数据，2012年8月的牧草高度以及2012年年末的内蒙古统计年鉴各旗县人口数和牲畜存栏头数，建立内蒙古草原牧区雪灾监测空间数据库。

## 二、雪灾快速评估方法

以上述研究的分段积雪覆盖率反演模型、基于风云 3B 的内蒙古草原牧区雪深反演模型、牧草高度等结合牧区雪灾等级国家标准，提出了内蒙古草原牧区雪灾快速监测技术。图 4-8 揭示了内蒙古雪灾快速监测的技术路线。

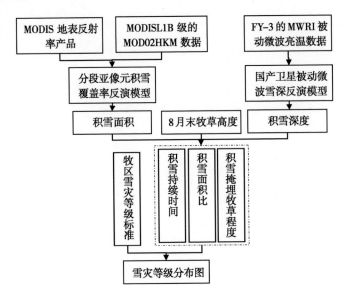

图 4-8　内蒙古雪灾快速监测技术流程图

**Fig. 4-8　Flow chart of rapid monitoring technology for snow disaster in Inner Mongolia**

## 三、雪灾等级划分指标

雪灾等级的划分标准采用中华人民共和国牧区雪灾等级国家标准（GB/T 2048—2006），雪灾等级确定为轻灾、中灾、重灾、特大灾 4 级，具体分级指标和受灾情况见表 4-1。

表 4-1 中华人民共和国牧区雪灾等级国家标准（GB/T 2048—2006）

Tab. 4-1 The national standard level of pastoral areas snow disaster（GB/T 2048—2006）

| 雪灾等级 | 积雪状况 | | | 受灾情况 |
|---|---|---|---|---|
| | 掩埋牧草程度 | 积雪持续天数 | 积雪面积比 | |
| 轻灾 | 30%~40%<br>41%~50% | ≥10d<br>≥7 | S≥20% | 影响牛的采食，对羊的影响尚小，而对马则无影响，家畜死亡在5万头（只）以下 |
| 中灾 | 41%~50%<br>51%~70% | ≥10d<br>≥7d | S≥20% | 影响牛、羊采食，对马的影响尚小，家畜死亡在5万~10万头（只） |
| 重灾 | 51%~70%<br>71%~90% | ≥10d<br>≥7d | S≥40% | 影响各类家畜的采食，牛、羊损失较大，出现死亡，家畜死亡在10万~20万头（只） |
| 特大灾 | 71%~90%<br>>90% | ≥10d<br>≥7d | S≥60% | 影响各类家畜的采食，如果防御不当将造成大批家畜死亡，家畜死亡在20万头（只）以上 |

注：掩埋牧草程度相同时，以积雪持续时间长短确定雪灾等级

# 第六节 结果与分析

快速有效获取积雪面积、雪深和积雪日数是牧区雪灾防御的基础。本案例是利用光学遥感和被动微波遥感数据快速监测了内蒙古草原牧区2012年12月10日到2013年1月10日的雪灾。首先基于光学遥感数据MOD09A1和MODISL1B，利用上述的分段积雪覆盖率反演模型快速提取内蒙古草原牧区的积雪覆盖区域。然后基于国产卫星FY3B的被动微波遥感数据，采用上述的内蒙古草原牧区雪深反演模型快速提取内蒙古草原牧区积雪深度图，并叠加内蒙古草原牧区的积雪面积和积雪深度图，得到内蒙古草原牧区积雪覆盖面积和积雪深度图。另外，利用2012年8月的牧草高度数据得到内蒙古草原牧区的积雪掩埋牧草高度、积雪持续天数及积雪面积比等数据，最后按照牧区雪灾等级国家标准（GB/T 2048—2006）得到了内蒙古草原牧区2013年1月上旬雪灾等级分布图（图4-9）。

内蒙古草原牧区受雪灾面积为 $4.562×10^5 km^2$，其中受轻灾的面积为 $1.643×10^5 km^2$，中灾面积为 $1.849×10^5 km^2$，重灾面积为 $1.041×10^5 km^2$ 和特大灾面积为 $0.29×10^5 km^2$。在空间上重灾主要分布在呼伦贝尔市的新巴尔虎左旗南部、鄂温克族自治旗西部和陈巴尔虎旗东南部地区；锡林郭勒盟的东

乌珠穆沁旗、西乌珠穆沁旗、锡林浩特、正蓝旗、镶白旗和阿巴嘎旗中部和南部地区；以及克什克腾旗西部、四子王旗西南部和丰镇市北部等地区。中灾主要分布在呼伦贝尔市的新巴尔虎右旗、新巴尔虎左旗北部和陈巴尔虎旗北部地区；锡林郭勒盟的阿巴嘎旗北部、苏尼特左旗、苏尼特右旗、镶黄旗等地区；通辽市的扎鲁特旗、科左中旗西北部、奈曼旗北部等地区；赤峰市的阿鲁科尔沁旗、巴林左旗、巴林右旗、林西县、翁牛特旗和赤峰市等地区；乌兰察布市的化德县、商都县、兴和县、察哈尔右翼后旗、察哈尔右翼前旗、丰镇市南部、四子王旗中部和东南部、察哈尔右翼中旗、卓资县和凉城县；呼和浩特市的和林县、清水河县、土默特左旗北部和武川县等地区；包头市的达茂旗东南部、固阳县和包头市区等地区；鄂尔多斯市的准格尔旗北部和达拉特旗东部等地区；以及乌拉特前旗东部地区。轻灾主要分布在达茂旗北部、乌拉特中旗南部、科尔沁右翼中旗东南部和突泉县东南部等地区。无灾地区主要分布在鄂尔多斯市。

内蒙古草原牧区受灾区域涉及锡林郭勒盟 9 个旗县、包头市 2 个旗县、鄂尔多斯市 2 个旗县、通辽市 3 个旗县、兴安盟 2 个旗县、呼伦贝尔市 4 个旗县、赤峰市 6 个旗县、呼和浩特市 4 个旗县、乌兰察布市 10 个旗县和巴彦淖尔市 2 个旗县。受灾人口共 948 万多，受灾牲畜为 3742 万头（只）。

## 第七节　精度检验

内蒙古气象部门所报的结果全区形成雪灾面积为 $4.79 \times 10^5 km^2$，占全区总面积的 41.91%。雪灾区域主要分布在内蒙古中东部。其中，呼伦贝尔市鄂温克旗、新巴尔虎左旗，锡林郭勒盟锡林浩特、正镶白旗，赤峰市阿鲁科尔沁旗，乌兰察布市四子王旗形成区域性重度白灾。本研究快速监测的受灾区域面积为 $4.562 \times 10^5 km^2$，精度达到 95.24%，并且重度雪灾区域完全符合气象部门所报的结果。监测结果吻合内蒙古的实际情况。

## 第八节　结论与讨论

本研究首先确定雪灾监测指标体系，然后在利用分段积雪覆盖率反演模型和基于国产卫星风云 3B 的适合于内蒙古草原牧区的雪深反演模型的基础上，结合牧区雪灾等级国家标准，提出了内蒙古草原牧区雪灾快速监测技术，监测了内蒙古草原牧区 2012 年 12 月中旬到 2013 年 1 月上旬的雪情，内蒙古草原牧区受雪灾面积为 $4.562×10^5 km^2$，其中受轻灾的面积为 $1.643×10^5 km^2$、中灾面积为 $1.849×10^5 km^2$、重灾面积为 $1.041×10^5 km^2$ 和特大灾面积为 $0.29×10^5 km^2$。其中重灾空间上主要分布在呼伦贝尔市的新巴尔虎左旗南部、鄂温克族自治旗西部和陈巴尔虎旗东南部地区；锡林郭勒盟的东乌珠穆沁旗、西乌珠穆沁旗、锡林浩特、正蓝旗、正镶白旗和阿巴嘎旗中部和南部地区；以及克什克腾旗西部、四子王旗西南部和丰镇市北部等地区。

内蒙古草原牧区受灾区域涉及锡林郭勒盟 9 个旗县、包头市 2 个旗县、鄂尔多斯市 2 个旗县、通辽市 3 个旗县、兴安盟 2 个旗县、呼伦贝尔市 4 个旗县、赤峰市 6 个旗县、呼和浩特市 4 个旗县、乌兰察布市 10 个旗县和巴彦淖尔市 2 个旗县。受灾人口共 948 多万，受灾牲畜为 3742 万头（只）。经与内蒙古气象部门实际雪灾案例对比精度达 95.24%，监测结果与实际雪情有很好的吻合。

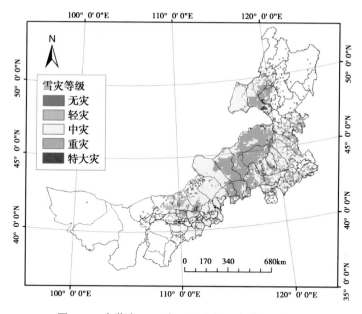

图 4-9　内蒙古 2013 年 1 月上旬雪灾等级分布图

**Fig. 4-9　Distribution of snow disaster level in early January 2013，Inner Mongolia**

本研究的草原牧区的受灾面积是以 10km 大小的格网来统计，雪灾等级是依据 2006 年制定的国家雪灾等级标准，跟实际雪情较好的吻合，但是受灾人口和受灾牲畜是用旗县统计数据来计算，如有乡苏木的统计资料则监测结果更吻合草原牧区实际灾情。

随着经济的发展，草原牧区抵御雪灾和其他自然灾害的能力不断加强，同级别雪灾造成的牲畜死亡损失正在降低。根据气象预报 2012 年年底到 2013 年年初，内蒙古中东部大部地区连续三场以上大的降雪，按照已有的评估方法应该出现重灾或特大雪灾，但由于雪灾实时、快速监测及结合天气预报预警及时，牧民的牲畜过冬饲料储备充足、及时屠宰出栏、畜舍保暖设施完善，事实上并没有出现大量牲畜死亡的现象（李兴华等，2014）。作者认为牲畜死亡数的降低不等于没有发生雪灾，只不过是牧民在牲畜过冬饲料储备以及棚圈设施方面投入了大量的经费降低了牲畜死亡数，表面上给人的感觉没有发生雪灾，但是事实上确实发生了本研究所揭示那样的雪灾。

# 第五章　内蒙古草原牧区
# 雪灾风险评价

　　牧区雪灾风险评价研究方面，早期研究主要是开展致灾因子的危险性和承载体的脆弱性评估。大量的研究从灾害系统理论出发，提出雪灾的风险是由致灾因子的危险性、承载体的脆弱性和暴露性的综合作用下形成的观点，并选取了积雪情况、草情、牲畜灾情以及社会经济统计资料指标作为评价的指标来开展内蒙古、青海和新疆等牧区雪灾风险预警与评估研究（刘兴元等，2008；张国胜等，2009；张学通，2010；何永清等，2010；王博，2011；梁凤娟，2011）。还有风险评估的单元进行栅格化以及县级行政区作为基本单位的社会经济属性来反应的草原牧区雪灾风险评估与风险区划研究（梁天刚等，2004；伏洋等，2010；陈彦清等，2010）。尤其是2013年以来，研究区越来越细化到以乡镇为单位，并且研究区扩展到青藏高原，研究内容也拓展到雪灾综合风险评估方面，其中多数的研究区选择了青藏高原地区（李凡等，2014；王世金等，2014；LIU Fenggui 等，2014），内蒙古地区的相对较少。

　　综合分析已有的对牧区雪灾风险评价所用的方法和资料，发现所用积雪资料主要来自气象台站实测数据，所用的因子有草场面积、地形、人口和GDP等因子（李红梅等，2013），但是气象站点资料只是点分布数据，分布不均匀，在一个旗县基本上只有一个站点，不能代表整个区域积雪的整体状况。在进行雪灾风险区划时所考虑的因素越多其区划结果可能会越精确，但是一般资料不全导致无法进行评估，实际业务服务中却存在很大的局限性。但是不管草场面积和地形等因子的情况如何，由于雪灾所造成的损失最后的综合表现是牲畜死亡率以及所造成的直接经济损失的大小。基于以上分析，本研究拟采用遥感监测雪深资料中国区域的雪深长时间序列数据集（1978—2012年）、牲畜死亡数以及直接经济损失对内蒙古草原牧区进行雪灾风险区划，有利于雪灾防灾减灾业务服务中的应用，也具有一定的科学性。

## 第一节　草地雪灾风险的形成机理与评价方法

### 一、草地雪灾风险的形成机理

#### 1. 草地雪灾风险的构成要素

草地雪灾是草地放牧业的一种冬、春季雪灾。主要是指在依靠天然草场放牧的畜牧业区域，冬半年因降雪量过多及雪深过厚，加之积雪日数维持时间长，积雪掩埋牧草，造成草饲料缺少，导致牲畜冻饿或染病掉膘和母畜流产，甚至发生大量死亡。

牧区雪灾风险的形成主要是由致灾因子的危险性、承险体的脆弱性和暴露性以及防灾减灾能力的综合影响造成的，引发草地雪灾的致灾因子用危险性来表示；暴露性则表示当草地雪灾发生时受灾地的人口、牲畜、基础设施等，脆弱性表示易受致灾因子影响的人口、牲畜、基础设施等；防灾减灾能力表示受灾区在短期和长期内能够从生态灾害中恢复的程度（图5-1）。

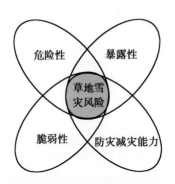

图 5-1　草地雪灾形成原理

Fig. 5-1　Hazard principle of grassland snow hazard

#### 2. 草地雪灾风险的形成机制

从灾害学角度出发，根据草地雪灾形成的机理和成灾环境的区域特点，草地雪灾的产生应该具备以下条件：首先，必须存在一定量的降雪；其次，在温度、风力、高程、坡度等自然条件的影响下作用于草地以及草地上的生命和基础设施；再次，经过草地上脆弱的生命、社会经济等的加剧风险与人为的物资投入、政策法规等的降低风险的综合作用下，造成了一定的损失，即草地雪灾（图5-2）。

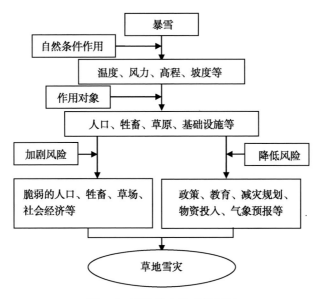

图 5-2   草地雪灾的成灾机制

**Fig. 5-2   Hazard mechanism of grassland snow Hazard**

## 二、草地雪灾风险评价方法

在对草地雪灾进行风险评价中主要采用如下几种方法。

1. 自然灾害风险指数法

自然灾害风险指的是在未来若干年内可能达到的灾害程度以及发生的可能性。然而某个区域的自然灾害风险是由危险性、脆弱性、暴露性和防灾减灾能力四个因素共同影响的结果，缺一不可。自然灾害风险的数学公式可以表示为：

自然灾害风险=危险性（H）×暴露性（E）×脆弱性（V）×防灾减灾能力（R）

其中，与自然灾害风险呈正相关的是危险性、脆弱性和暴露性，而呈负相关的是防灾减灾能力。当危险性与脆弱性在空间和时间上结合在一起的时候就极有可能形成草地雪灾（金冬梅，2006）。

2. 层次分析法

层次分析法是一种将定性与定量分析相结合的多因素决策分析方法，此方法将决策者的经验判断给予量化，在目标因素结构比较复杂且缺乏必要数据的情况下使用较为方便。

一般来说，层次分析法确定指标权重系数的基本思路是：先对评价指标体系进行定性分析，根据各指标的相互关系，分成目标层、准则层和指标层等若干级别。再在计算各层指标单排序的权重的基础上，进而计算各层指标相对总目标的组合权重。

3. 加权综合评分法

加权综合评分法是根据每个评价指标对于评价总目标的影响的重要程度不同，预先分配一个相应的权重系数，然后再与相应的被评价对象的各指标的量化值相乘后，再相加。计算式为：

$$P = \sum_{i=1}^{n} A_i W_i \tag{5-1}$$

且有 $A_i > 0$，$\sum_{i=1}^{n} A_i = 1$，其中，$W$ 为某个评价对象所得的总分；$A_i$ 为某系统地 $i$ 项指标的权重系数；$W_i$ 为某系统第 $i$ 项指标的量化值；$n$ 为某系统评价指标个数。

4. 网格 GIS 分析方法

网格 GIS 是地理信息系统与网格技术的有机结合，是地理信息系统在栅格环境下的一种应用。利用地理信息系统技术，按研究内容的需求的大小生成网格，通过地理信息系统的空间分析功能提取根据网格对应行政区的社会经济等属性，进行网格化建立空间数据库（阎莉，2012）。

# 第二节　近 55 年内蒙古雪灾时空特征研究

积雪覆盖在地球的表面，是地球表面的重要组成部分之一，根据全球以及大陆尺度范围来看，大范围的积雪会对气候的变化、地表辐射平衡和能量的交换、水资源的利用等造成一定的影响；按照局域以及流域两种范畴来说，积雪影响天气、工业、农业、生活用水、环境等许多与人类活动有关的要素。内蒙古近十年来积雪面积年际变化呈现出波动性，从整体来观察，积雪的面积有相对减少的趋势。在空间范围上观察，大兴安岭西麓、呼伦贝尔、乌珠穆沁盆地等地区被积雪长时间的覆盖。锡林郭勒草原以及乌兰察布草原上积雪面积将主导着整个内蒙古总的积雪面积变化趋势。雪灾是因为大量的降雪和积雪的堆积，对牧业生产以及人们日常的生活造成危害及损失的一种气象灾害。内蒙古地区自然环境比较敏感，自然灾害类型又多种多样，然而雪灾是该地区最为严重的自然灾害。并且雪灾归属于突发性的自然灾害。近年来，我国高原牧区雪灾研究取得了很大的进展，根据青藏高原30年以来大样本的雪灾个例档案，做出了30年雪灾序列年表。运用统计学、天气学、气候学等基本理论知识，搞清楚了高原雪灾发生的成因、发展的规律。在此基础上，建立了省地两级大、中、小雪灾短期的预报方法。使得我国对高原雪灾的预报能力有了明显的提高。

内蒙古牧区一般分布在纬度较高的地区，牧区是我国雪灾多发区之一，在内蒙古自治区成立以来的半个多世纪中，每年几乎都有不同程度的雪灾发生。受灾范围也很广泛，除了呼和浩特市、包头市、乌海市三个地区以外，凡是有牧业的地区皆会发生不同程度的雪灾，其中，呼伦贝尔盟和锡林郭勒盟最严重。内蒙古地区冬春季的灾害性和关键性天气是大雪和暴风雪。内蒙古草地在全国范围内的草地中占40%，畜牧业作为内蒙古基础产业和优势产业，在国民经济中占非常主要的地位。雪灾不仅影响着冬季放牧，而且严重威胁着因前期干旱积累而特别脆弱的冬季畜牧业生产，是影响我国畜牧业发展的重要致灾因子。因此，掌握内蒙古雪灾演变情况及其时空分布格局，对降低和减少雪灾损失，保障畜牧业持续发展有重要意义。本研究利用了1961—2014年中国地面气候资料日值数据集台站信息的观测资料，在前人研究的基础上，从天气学角度出发讨论内蒙古地区雪灾时间发生趋势和空间分布的特征，为深入透彻的研究雪灾形成机理提供了重要依据。

## 一、数据源与方法

本研究所需气象数据来源于中国气象科学数据共享服务网，包括内蒙古地区共47个气象站点逐日、逐月气温和降水量等气象资料。

利用线性方程拟合方法和空间Kriging插值法对雪灾时间变化趋势和空间分布特征进行分析和统计。空间插值法是指将测量的离散点数据转换成连续的数据曲面，方便和其他空间现象的分布模式进行比较。空间插值有两类：其一是确定性方法，其二是地质统计学方法。确定性插值法是在信息点之间的相似程度或整个曲面的光滑性的基础上来建立一个拟合曲面，地质统计学插值法是运用样本点的统计规律，定量化样本点之间的空间相关性，从而再构建样本点的空间结构模型，例如克立格（Kriging）插值法。空间Kriging插值法它是一种定量化描述地理空间分布格局的方法，主要用在空间采样以及空间格局分析中。

## 二、结果分析

### 1. 雪灾定义及等级指标

雪灾是一种气象灾害，也称白灾。它是指因为长时间的大量、大范围的降雪，造成积雪多而演变成灾害的一种现象。它是中国牧场经常发生的一种灾害现象。因为冬半年积雪过多、过厚，雪层维持的时间过长，影响牧民放牧的一种灾害。也是指草原牧区因为降雪量过多，积雪太厚和积雪维持时间过久，或者雪面覆盖了冰，形成冰壳，牧民养的牲畜吃草行走很困难，对越冬的作物、畜牧业和农业设施以及交通等造成危害。雪灾除了危害通信设施、输电设施、交通阻塞外，主要危害牧民的利益，造成大量的牲畜死亡，牧民因为雪灾发生疾病、没有水和食物以至于生活困难艰苦。雪灾可以按照其发生的气候规律特点分为两个类型：猝发型雪灾和持续型雪灾。猝发型雪灾主要发生在暴风雪过程中或者以后，暴风雪过后，接下来几天内积雪保持原本厚度不融化对牲畜造成威胁，这种类型的雪灾多出现于深秋以及气候多变的春季。持续性雪灾积雪厚度随着降雪天气增加而逐渐加厚，密度也逐渐增加，稳定积雪的时间长，从而对牲畜造成了危害，这种类型雪灾能够从秋末一直持续到来年的春季。

本研究从气象学方面定义雪灾，考虑雪灾发生时段气温和降水量等气象要素，只从灾的角度，不考虑害。参考李海红等在中国牧区雪灾等级指标研究中指出的定义雪灾的单要素指标（在气温很低时，可以选择过程降雪量的某一临界值作为有无雪灾和雪灾等级的标准）将雪灾定义为任意一个站点的气温稳定低于 0℃ 的月，降水量大于等于 8mm 的降雪过程。降水量在 8~10mm 是轻度雪灾，降水量在 10~15mm 是中度雪灾，降水量大于等于 15mm 是重度雪灾（表 5-1）。

雪灾主要发生在冬半年，即每年 10 月到翌年 4 月，共 7 个月，参考相关文献划分标准，根据雪灾发生时期将 10~12 月定义为前冬，翌年 1 月、2 月定义为后冬，3 月、4 月定义为初春。

表 5-1  雪灾等级指标
Tab. 5-1  The level index of snow hazard

| 降水量（mm） | 雪灾程度 |
| --- | --- |
| 8~10 | 轻度雪灾 |
| 10~15 | 中度雪灾 |
| 大于 15 | 重度雪灾 |

2. 雪灾时间变化特征

（1）雪灾总频次年际变化特征。雪灾年总频次是指每年中内蒙古地区各个站点发生雪灾次数的总和。我们根据雪灾每年发生的总次数对雪灾近 54 年来的变化做了系统的分析。对内蒙古地区 47 个站点 1961—2014 年气温、降水量的逐日数据按本研究定义的雪灾标准进行统计和分析，得出雪灾总频次时间变化的特征（图 5-3）。

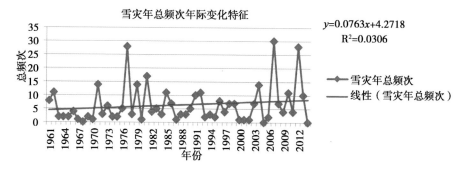

图 5-3　1961—2014 年内蒙古雪灾年总频次年际变化特征

**Fig. 5-3　The Interannual change of Year total frequency in Inner Mongolia snow hazard from 1961 to 2014**

1961—2014 年内蒙古雪灾年总频次如上图所示，内蒙古地区雪灾年总频次在增加，增加趋势为 0.0763 次一年。近 54 年的 47 个站点一共发生雪灾 356 次，平均每年发生雪灾 6.4 次（表 5-2），1960—1969 年雪灾频次最低为 3.6 次，1970—1979 年上升为 7.8 次，1980—1989 年下降为 5.5 次，1990—1999 年上升为 5.9 次，2000—2014 年上升为 8.0 次，由图像可以看出，内蒙古 20 世纪 70 年代雪灾呈增加趋势，80 年代呈减少趋势，90 年代到 21 世纪基本呈增加趋势。54 年来内蒙古雪灾整体呈轻度增长趋势。由上图可知雪灾发生次数出现三个峰值分别为：1977 年的 28 次，2006 年的 30 次，2012 年的 28 次。

表 5-2　内蒙古各年代雪灾年均频次变化特征

**Tab. 5-2　The Annual frequency change of snow hazard in each age of Inner Mongolia**

| 年代 | 1961—1969 | 1970—1979 | 1980—1989 | 1990—1999 | 2000—2014 | 多年平均 |
|------|-----------|-----------|-----------|-----------|-----------|----------|
| 均值（次） | 3.6 | 7.8 | 5.5 | 5.9 | 8.0 | 6.6 |
| 变化率 | -0.950 | 0.981 | -0.490 | -0.127 | 0.621 | 0.076 |

20 世纪 60 年代雪灾平均每年发生的频次最低为 3.6 次一年，由变化率可以看出呈减少趋势。70 年代雪灾平均每年发生频次为 7.8 次，一年变化率为 0.981，由此可以看出雪灾每年基本呈递增趋势。80 年代和 90 年代平均每年雪灾发生次数分别为 5.5 和 5.7，由变化率可以看出基本呈减少趋势。20 世纪以来，雪灾平均每年发生的次数增加为 8.0 次，基本呈上升趋势。

将内蒙古冬天半年分为前冬、后冬、初春三个阶段，各个阶段雪灾发生频次特征不同（表 5-3）。

表 5-3　内蒙古雪灾发生时段特征

Tab. 5-3　The characteristics of Occurrence of Snow hazard in Inner Mongolia

| 前冬 | | 后冬 | | 初春 | | 总频次 |
|---|---|---|---|---|---|---|
| 频次 | 百分率（%） | 频次 | 百分率（%） | 频次 | 百分率（%） | |
| 194 | 53.4 | 58 | 16.0 | 111 | 30.5 | 363 |

由表 5-3 可知，内蒙古整个地区 1961—2014 年一共发生雪灾 363 次，前冬发生次数最多为 194 次，占总次数的 53.4%，然后是初春发生雪灾 111 次，占总次数的 30.5%，后冬最少为 58 次，占总数的 16%。由此可知前冬和初春发生雪灾的频率比较高。

（2）雪灾发生站次年际变化。雪灾站次是指在内蒙古地区每年有多少个站点发生过雪灾。根据雪灾每年发生站次的变化对近 54 年的雪灾情况进行系统分析。1961—2014 年雪灾发生站次的数量基本呈增长趋势（图 5-4）。

1961—2014 年雪灾发生的站次数量呈增长趋势，增长速率为 0.0529 次一年。近 54 年以来，内蒙古地区平均每年有 5.3 站发生雪灾（表 5-4）20 世纪 60 年代平均每年有 3.3 站发生雪灾，70 年代平均每年发生雪灾的站数增加到 6.4 个，80 年代减少到每年发生雪灾站数为 4.4 站，90 年代持续增加到每年 5.2 个，21 世纪增加到最多为每年 6.47 个站发生雪灾。由图 5-4 可以看出 60 年代雪灾呈减少趋势，70 年代呈增加趋势，80 年代呈减少趋势，90 年代到 21 世纪基本呈增长趋势。由下面的折线图可以看出雪灾发生站次也有三个峰值，分别是 1997 年、2006 年、2012 年。这个趋势和雪灾频次的年际变化特征趋势基本一致，由此可以说明雪灾频次增加年代，发生雪灾的站次也跟着增加。

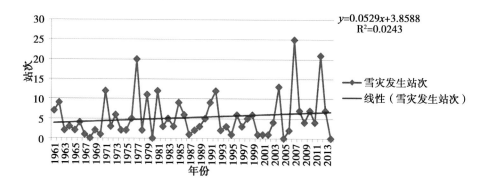

图 5-4　1961—2014 年内蒙古雪灾发生站次年际变化特征

**Fig. 5-4　The Interannual Variation of the Occurrence of Snow hazard in station frequency of Inner Mongolia from 1961 to 2014**

表 5-4　内蒙古地区各个年代雪灾发生站次变化特征

**Tab. 5-4　The Variation Characteristics of the Occurrence of the Snow hazard in station frequency of Inner Mongolia in different ages**

| 年代 | 20 世纪 60 年代 | 20 世纪 70 年代 | 20 世纪 80 年代 | 20 世纪 90 年代 | 21 世纪 | 多年平均 |
|---|---|---|---|---|---|---|
| 均值（站） | 3.3 | 6.4 | 4.4 | 5.2 | 6.47 | 5.3 |

3. 雪灾空间变化特征

（1）雪灾频次空间分布特征。内蒙古近 54 年以来，除了额济纳旗、吉诃德、拐子胡、巴音毛道、杭锦后旗这五个站点没有发生过雪灾，其他的 45 个站点均有不同程度的雪灾发生，发生轻度雪灾的频次>中度雪灾的频次>重度雪灾的频次（图 5-5）。

　　内蒙古地区雪灾空间分布很不均匀，雪灾频次最高的地区大多在内蒙古中东部一带，近 54 年以来，共发生雪灾的频次在 10~20 次；内蒙古中东部地区有一个雪灾发生的最高值地区为兴安盟西北部横跨大兴安岭西南山麓的阿尔山，雪灾发生频次为 19 次。还有一个次高值地区为林西，以这一次高值为中心向外扩大的区域也是雪灾发生频次比较多的地方，包括西乌珠穆沁旗、赤峰、通辽、多伦等一带，雪灾发生频次一般在 10~15 次。内蒙古呼和浩特、集宁、东胜、达尔汉联合旗等中部地区以及少部分中东地区的乌兰浩特、锡林浩特和少部分中西地区的阿拉善左旗等发生雪灾频次大多在 5~10 次。雪灾发生频次最少的地区有满洲里、东乌珠穆沁旗、二连浩特、吉兰太、朱日和、海力素、临河等地区，雪灾发生频次一般在 0~5 次。

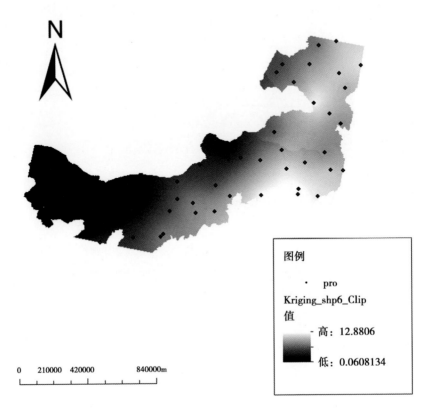

图 5-5　雪灾总频次空间分布图

Fig. 5-5　The spatial distribution map of total frequency in snow hazard

（2）各雪灾等级频次空间分布特征。1961—2014 年共有 43 个站点发生了轻度雪灾（表 5-5），轻度雪灾发生的地区分布不均匀，其中频次较多的地区有：图里河、海拉尔、博克图、索伦、西乌珠穆沁旗、林西、开鲁、多伦、赤峰。还有小二沟、新巴尔虎右旗、阿尔山、东胜、伊金霍洛旗、通辽、集宁轻度雪灾发生的频次也比较多。

1961—2014 年共有 40 个站点发生了中度雪灾（表 5-6），中度雪灾的空间分布也是不均匀的。中度雪灾的空间分布和轻度雪灾的空间分布有相似之处。比如小二沟、阿尔山、林西等地区轻度雪灾和中度雪灾发生的频次都比较多。中度雪灾发生频次较多的地区还有：博克图、西乌珠穆沁旗、巴林左旗、林西、四子王旗、化德、多伦等地区。

表 5-5　1961—2014 年内蒙古轻度雪灾总频次站点分布特征

Tab. 5-5　The station distribution of mild snow hazard in total frequency of Inner Mongolia from 1961 to 2014

| 站点 | 频次 | 站点 | 频次 | 站点 | 频次 | 站点 | 频次 |
|---|---|---|---|---|---|---|---|
| 额尔古纳 | 2 | 临河 | 1 | 那仁宝力格 | 3 | 翁牛特旗 | 4 |
| 图里河 | 7 | 鄂托克旗 | 1 | 满都拉 | 1 | 赤峰 | 6 |
| 满洲里 | 4 | 东胜 | 5 | 阿巴嘎旗 | 3 | 宝国图 | 3 |
| 海拉尔 | 6 | 伊金霍洛旗 | 5 | 苏尼特左旗 | 1 | 二连浩特 | 2 |
| 小二沟 | 5 | 阿拉善左旗 | 2 | 海力素 | 1 | | |
| 新巴尔虎右旗 | 5 | 西乌珠穆沁旗 | 7 | 朱日和 | 3 | | |
| 新巴尔虎左旗 | 3 | 扎鲁特旗 | 2 | 乌拉特中旗 | 1 | | |
| 博克图 | 7 | 巴林左旗 | 3 | 达尔汗联合旗 | 2 | | |
| 扎兰屯 | 4 | 锡林浩特 | 4 | 四子王旗 | 3 | | |
| 阿尔山 | 5 | 林西 | 6 | 化德 | 2 | | |
| 索伦 | 6 | 开鲁 | 6 | 包头 | 3 | | |
| 乌兰浩特 | 2 | 通辽 | 5 | 呼和浩特 | 3 | | |
| 东乌珠穆沁旗 | 1 | 多伦 | 8 | 集宁 | 5 | | |

表 5-6　1961—2014 年内蒙古中度雪灾总频次站点分布特征

Tab. 5-6　The station distribution of moderate snow hazard in total frequency of Inner Mongolia from 1961 to 2014

| 站点 | 频次 | 站点 | 频次 | 站点 | 频次 | 站点 | 频次 |
|---|---|---|---|---|---|---|---|
| 额尔古纳 | 2 | 鄂托克旗 | 3 | 满都拉 | 3 | 翁牛特旗 | 8 |
| 图里河 | 3 | 东胜 | 1 | 阿巴嘎旗 | 1 | 赤峰 | 3 |
| 满洲里 | 1 | 伊金霍洛旗 | 2 | 苏尼特左旗 | 1 | 宝国图 | 4 |
| 海拉尔 | 3 | 阿拉善左旗 | 2 | 朱日和 | 1 | 阿拉善右旗 | 1 |
| 小二沟 | 6 | 西乌珠穆沁旗 | 4 | 乌拉特中旗 | 1 | 二连浩特 | 1 |
| 新巴尔虎左旗 | 1 | 扎鲁特旗 | 2 | 达尔汗联合旗 | 1 | 东乌珠穆沁旗 | 3 |
| 博克图 | 4 | 巴林左旗 | 7 | 四子王旗 | 6 | 多伦 | 4 |
| 扎兰屯 | 2 | 锡林浩特 | 3 | 化德 | 7 | | |
| 阿尔山 | 7 | 林西 | 5 | 呼和浩特 | 4 | | |
| 索伦 | 2 | 开鲁 | 3 | 集宁 | 3 | | |
| 乌兰浩特 | 3 | 通辽 | 1 | 吉兰太 | 1 | | |

　　1961—2014 年一共有 26 个站点发生了重度雪灾（表 5-7）。其中，阿尔山发生频次最多，其次为：开鲁、通辽、赤峰、宝国图等地区。

表 5-7　1961—2014 年内蒙古重度雪灾总频次站点分布特征

Tab. 5-7　The station distribution of Severe snow hazard in total
frequency of Inner Mongolia from 1961 to 2014

| 站点 | 频次 | 站点 | 频次 | 站点 | 频次 | 站点 | 频次 |
|---|---|---|---|---|---|---|---|
| 图里河 | 2 | 东胜 | 3 | 满都拉 | 1 | 翁牛特旗 | 1 |
| 小二沟 | 2 | 伊金霍洛旗 | 1 | 达尔汗联合旗 | 3 | 赤峰 | 4 |
| 新巴尔虎左旗 | 3 | 阿拉善左旗 | 1 | 四子王旗 | 1 | 宝国图 | 4 |
| 博克图 | 1 | 锡林浩特 | 1 | 化德 | 1 | 乌兰浩特 | 1 |
| 扎兰屯 | 2 | 林西 | 2 | 包头 | 1 | 多伦 | 3 |
| 阿尔山 | 6 | 开鲁 | 4 | 呼和浩特 | 1 | | |
| 索伦 | 2 | 通辽 | 4 | 集宁 | 1 | | |

数据来源：中国气象科学数据共享服务网

## 三、结论

（1）内蒙古近 54 年的 47 个站点雪灾发生总频次为 356 次，平均每年发生雪灾 6.4 次，各年代雪灾变化情况不同，20 世纪 70 年代和 21 世纪雪灾发生频次增长趋势非常明显。

（2）内蒙古地区冬半年分为前冬、后冬、初春三个阶段，雪灾发生次数前冬发生次数最多为 194 次，占总次数的 53.4%，然后是初春发生雪灾 111 次，占总次数的 30.5%，后冬最少为 58 次，占总数的 16%。

（3）1961—2014 年内蒙古雪灾发生站次的数量基本呈增长趋势，近 54 年内蒙古地区平均每年有 5.3 站发生雪灾。20 世纪 60 年代雪灾呈减少趋势，70 年代呈增加趋势，80 年代呈减少趋势，90 年代到 21 世纪基本呈增长趋势。这个趋势和雪灾频次的年际变化特征趋势基本一致。说明雪灾频次增加年代，发生雪灾的站次也在增多，发生雪灾的区域也在扩大。

（4）内蒙古地区雪灾发生的空间分布非常不均匀，雪灾发生次数较多的地方有位于兴安盟西北部横跨大兴安岭西南山麓呼伦贝尔附近的阿尔山、图里河，还有林西、小二沟、博克图、多伦、赤峰、开鲁、瓮中特旗、宝国图、西乌珠穆沁旗等。内蒙古中西部的海力素、吉兰太、临河等地区发生雪灾频次最少。雪灾发生比较多的地方，它们的轻度、中度、重度雪灾发生都比较频繁，表现最为明显的地区是位于兴安盟西北部的阿尔山，它发生的轻度雪灾频次为 5 次，中度雪灾频次为 7 次，重度雪灾频次为 6 次。

# 第三节　内蒙古雪灾损失时空特征

## 一、数据来源与研究方法

数据来源：本研究选用的是《内蒙古气象灾害大典·内蒙古卷》《内蒙古统计年鉴》、内蒙古民政厅提供的内蒙古实际灾情统计数据以及内蒙古自治区的 1∶400 万的数据集，并对这些资料进行筛选、统计、整理、分析。

研究方法：本研究通过对统计数据的整理，以旗县为单位，统计出各旗县 1978—2004 年发生雪灾的次数和分布情况，再导入 ArcGIS 进行分类显示，制作专题地图，从时间和空间的角度加以分析研究。

## 二、结果与分析

1. 时间分布特征

从内蒙古雪灾发生旗县次数变化图（图 5-6）可以看出，从 20 世纪 80 年代至 21 世纪初，内蒙古雪灾发生旗县次数基本呈波状增加的趋势，27 年间共有 66 个旗县发生了 468 次不同程度的雪灾。前 15 年年均发生雪灾旗县次数为 15 次左右且趋于平稳，后 10 年年均发生雪灾旗县次数 22 次左右且有明显的上升趋势。

雪灾发生旗县次数最少的年份为 1984 年和 1993 年均只有 9 个旗县发生过雪灾，发生次数最多的年份为 1998 年和 2000 年均有 26 个旗县发生雪灾。

从内蒙古雪灾直接经济损失变化图（图 5-7）可以看出，直接经济损失年际变化较大基本呈波状增加的趋势，这与内蒙古雪灾发生旗县次数变化图（图 5-6）相对应。直接经济损失最大值出现在 2003 年，达到 51596 万元，受灾人口 37.4 万人。

从雪灾受灾人口变化图（图 5-8）可以看出受灾人口最多的年份出现在 1995 年，达到 93.95 万人，造成的直接经济损失为 27081.5 万元。

2. 空间分布特征

从 1984 年内蒙古雪灾空间分布图（图 5-9）来看，雪灾主要发生在新巴尔虎右旗、新巴尔虎左旗、西乌旗、科右前旗、阿巴嘎旗等 9 个旗县，共造成 6.45 万人受灾，直接经济损失 3437.0 万元。

从 1993 年内蒙古雪灾空间分布图（图 5-10）来看，雪灾主要发生在新巴尔虎左旗、西乌旗、阿巴嘎旗、奈曼旗、乌拉特后旗等 9 个旗县，共造成

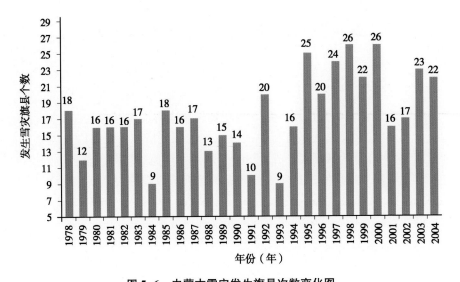

图5-6　内蒙古雪灾发生旗县次数变化图

Fig. 5-6　Count numbers change chart of snow disaster
occurred in the banners of Inner Mongolia

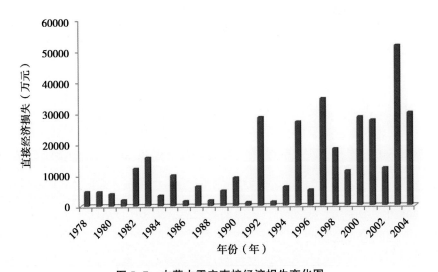

图5-7　内蒙古雪灾直接经济损失变化图

Fig. 5-7　Changes of direct economic loss caused by
snow disaster in Inner Mongolia

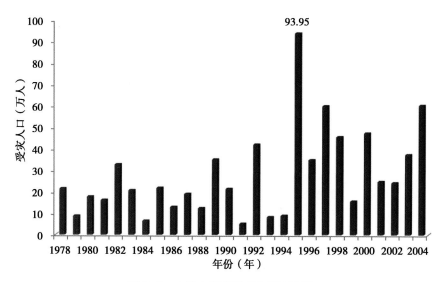

图 5-8　内蒙古雪灾受灾人口变化图

**Fig. 5-8　Changes of affected population caused by snow disaster in Inner Mongolia**

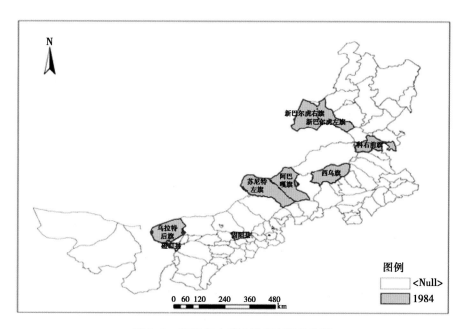

图 5-9　1984 年内蒙古雪灾空间分布图

**Fig. 5-9　The space distribution of Inner Mongolia snow disaster in 1984**

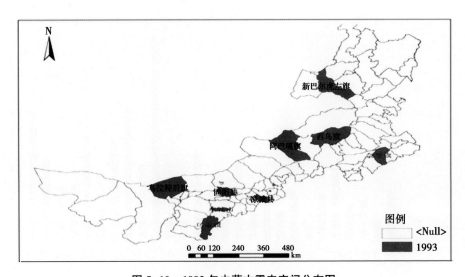

**图 5-10　1993 年内蒙古雪灾空间分布图**

**Fig. 5-10　The space distribution of Inner Mongolia snow disaster in 1993**

8.30 万人受灾，直接经济损失 1389.0 万元。

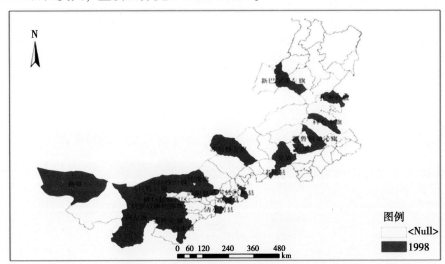

**图 5-11　1998 年内蒙古雪灾空间分布图**

**Fig. 5-11　The space distribution of Inner Mongolia snow disaster in 1998**

从 1998 年内蒙古雪灾空间分布图（图 5-11）来看，雪灾主要发生在新巴尔虎左旗、扎赉特旗、苏尼特左旗、乌拉特中、后旗、杭锦旗、鄂托克旗等 26 个旗县，共造成 45.62 万人受灾，直接经济损失 18410.4 万元。

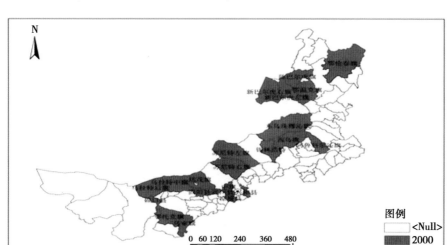

**图 5-12 2000 年内蒙古雪灾空间分布图**

**Fig. 5-12 The space distribution of Inner Mongolia snow disaster in 2000**

从 2000 年内蒙古雪灾空间分布图（图 5-12）来看，雪灾主要发生在新巴尔虎左、右旗、东乌旗、西乌旗、苏尼特左旗、乌拉特中、杭锦旗、鄂托克旗等 26 个旗县，共造成 47.38 万人受灾，同时造成 7 人死亡，直接经济损失 28625.0 万元（表 5-8）。

**表 5-8 受灾情况统计表**

**Tab. 5-8 Statistical table of disaster situation**

| 年份 | 受灾人口（万人） | 死亡人口（人） | 直接经济损失（万元） |
| --- | --- | --- | --- |
| 1984 年 | 6.54 | 0 | 3437.00 |
| 1993 年 | 8.30 | 0 | 1389.00 |
| 1998 年 | 45.62 | 0 | 18410.40 |
| 2000 年 | 47.38 | 7 | 28625.00 |

从 1978—2004 年内蒙古雪灾发生频率空间分布（图 5-13）来看，图中红色区域发生雪灾的频率较高，主要发生在新巴尔虎左旗、东、西乌珠穆沁旗，阿巴嘎旗、苏尼特左旗、乌拉特后旗碗口县等旗县，与此同时也可以看出牙克石市、科尔沁左翼后旗、翁牛特旗、敖汉旗、土左旗，和林格尔县、阿拉善右旗等旗县发生雪灾的概率较小。

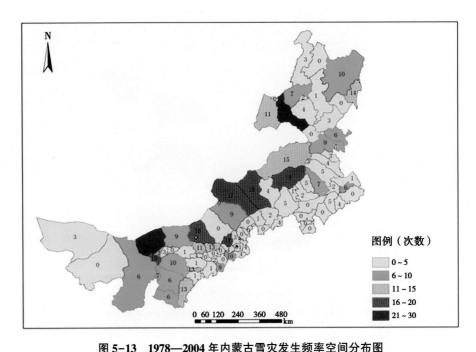

图 5-13　1978—2004 年内蒙古雪灾发生频率空间分布图

**Fig. 5-13　The space distribution of Inner Mongolia snow disaster occurrence frequency from 1978—2004**

## 三、结论

（1）在雪灾时间分布上，1978—2004 年内蒙古雪灾发生频次基本呈波状增加的趋势，20 世纪 80 年代雪灾发生频率趋于平稳，90 年代后期频率增加并出现峰值，1995 年后有明显增加的趋势。

（2）1978—2004 年间，雪灾发生旗县数最多的年份是 1998 年和 2000 年，均有 26 个旗县，最少的年份是 1984 年和 1993 年，均有 9 个旗县；受灾人口最多的年份出现在 1995 年，达到 93.95 万人，直接经济损失最大出现在 2003 年，达到 51596 万元。

（3）在雪灾空间分布上，从内蒙古全区范围来看，主要发生在新巴尔虎左旗、东、西乌珠穆沁旗，阿巴嘎旗、苏尼特左旗、乌拉特后旗磴口县等旗县。

# 第四节　内蒙古草原牧区雪灾风险评价

## 一、数据源与研究方法

### 1. 资料来源

本研究选用的雪灾灾情数据牲畜存栏数、牲畜死亡率、受灾人口数和直接经济损失等来自《内蒙古气象灾害大典·内蒙古卷》、《内蒙古统计年鉴》、内蒙古民政厅提供的内蒙古实际灾情统计数据。

网上下载中国西部环境与生态科学数据中心（http：//westdc.westgis.ac.cn）提供的中国被动微波遥感逐日雪深长时间序列数据集（1978—2012年）。该数据集所采用的原始数据是：从 1978—1987 年的 SMMR、1987—2008 年的 SSM/I 和 2002—2010 年的 AMSR-E 等被动微波遥感数据。空间分辨率为25km，范围为内蒙古界限，采用全球等积圆柱 EASE-GRID 投影。

地理信息基础数据来源于内蒙古自治区的 1∶400 万的数据集。

### 2. 研究方法

将内蒙古草原牧区的实际情况结合李红梅等的研究使用了积雪指标来表示某一地区的致灾危险性大小。积雪指标的定义为某一时段≥3cm 的积雪深度乘以≥3cm 的积雪持续日数的乘积。

依据历年来雪灾发生时的直接经济损失和牲畜死亡数资料，计算出对应时段的积雪指标，将二者进行拟合，得到直接经济损失和积雪指标的拟合曲线，根据牧区雪灾国家标准不同等级雪灾条件下的牲畜死亡数，得出灾情数据库对应的直接经济损失，利用直接经济损失及积雪指标拟合曲线，计算出不同雪灾等级条件下积雪指标临界值。

## 二、雪灾致灾因子危险性评估

雪灾的致灾因子危险性是通过分析发生雪灾致灾因子过去的活动频次和活动规模（强度）决定的。一般致灾因子过去活动的规模越大，活动频次就越高，雪灾造成的破坏损失就越严重，雪灾的风险也越高。因此致灾因子危险性评估主要是致灾因子的活动频次和活动规模的评估。雪灾危险性大小评估的指标有很多，其中最常用的是多年平均积雪日数和平均雪深。本研究参考了牧区雪灾国家标准和内蒙古雪灾监测方法研究的雪灾等级气象标准（林建等，2003）以及结合内蒙古的实际情况，在内蒙古草原牧区积雪厚度超过 3cm 且持续一段时间后，形成雪灾。因此利用上述介绍的积雪指标进行评估内蒙古草原牧区致灾因子危险性的高低。我们的雪灾灾情数据都是年末统计出来的数字，因此跟灾情数据对应，本研究计算每年各网格点的 1～3 月和 10～12 月的雪深和积雪日数，并获得每年平均雪深和积雪日数。图 5-14 揭示了内蒙古草原牧区 33 年（1979—2011 年）平均积雪日数时空分布图。

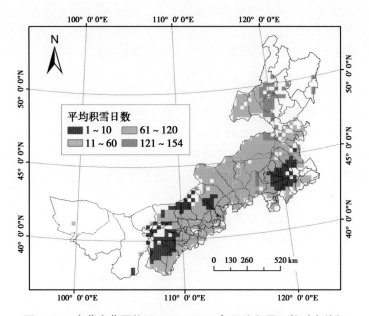

图 5-14　内蒙古草原牧区 1979—2011 年平均积雪日数时空特征
Fig. 5-14　The spatial-temporal characteristics of average snow cover
days from 1979—2011 in Inner Mongolia grassland pastoral area

图 5-14 中，60d 以上积雪日数的稳定积雪区域主要分布在锡林郭勒盟的阿巴嘎旗北部和南部、正镶白旗东北部、正镶蓝旗、多伦县、锡林浩特市、西乌珠穆沁旗和东乌珠穆沁旗；呼伦贝尔市的新巴尔虎左旗、新巴尔虎右旗、鄂温克自治旗、陈巴尔虎旗和海拉尔市；兴安盟科右中旗西北部、科右前旗中部和突泉县西北部；通辽市扎鲁特旗北部；赤峰市阿鲁科尔沁北部、巴林左旗北部、克什克腾旗、林西县西北部；乌兰察布市卓资县、凉城县西部和察哈尔右翼中旗西部；呼和浩特市的和林县东部、呼和浩特市区、武川县南部以及包头市固阳县南部。其中，120d 以上稳定积雪区主要分布在呼伦贝尔市的新巴尔虎左旗的南部、鄂温克旗自治旗、海拉尔市区和陈巴

尔虎旗中部和东部。

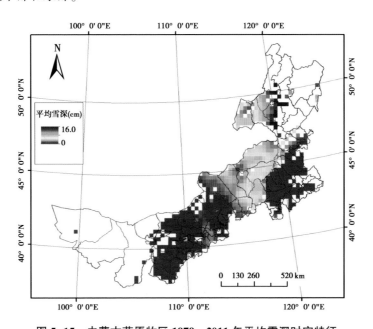

图 5-15　内蒙古草原牧区 1979—2011 年平均雪深时空特征

**Fig. 5-15　The spatial-temporal characteristics of average snow cover depth from 1979—2011 in Inner Mongolia grassland pastoral area**

　　图 5-15 揭示了内蒙古草原牧区近 33 年（1979—2011 年）的平均雪深空间分布图，图中积雪深度 8cm 以上区域主要分布在锡林郭勒草原和呼伦贝尔草原区域。计算各格网点的 33 年的平均雪深和平均积雪日数后，按照上述定义的积雪指标把积雪深度图层乘以积雪日数图层后获取了内蒙古草原牧区雪灾致灾因子危险性大小分布图（图 5-16）。图中看出，内蒙古呼伦贝尔草原和锡林郭勒草原区的雪灾致灾因子危险性高，其余地区的危险性相对低，其中致灾因子危险性最高的区域主要分布在东乌珠穆沁旗东北部、新巴尔虎左旗南部、陈巴尔虎旗西部和鄂温克旗西部。这个结果吻合图 5-13 里描述的 1978—2004 年实际灾情统计的雪灾频率图。雪灾频率图是按旗县统计的，雪灾发生频率高的区域也在锡林郭勒草原和呼伦贝尔草原区域，其中雪灾发生频率最高的旗县是乌拉特后旗和新巴尔虎左旗。致灾因子危险性分布图是把内蒙古草原牧区的各旗县划分为 25km 大小的格网，并基于遥感的格网数据统计的，因此比灾情频率图揭示更详细

和清楚，由于乌拉特后旗不属于草原牧区，致灾因子危险性分布图里未考虑非牧区雪灾。

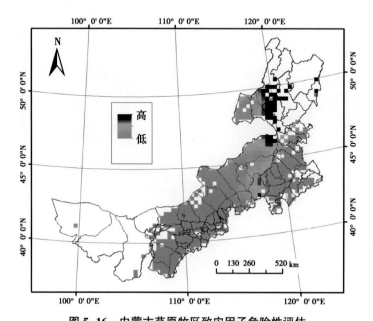

**图 5-16　内蒙古草原牧区致灾因子危险性评估**

**Fig. 5-16　The risk assessment of hazard factors in Inner Mongolia grassland pastoral area**

## 三、雪灾承载体脆弱性评估

　　牧区雪灾脆弱性是指特定的孕灾环境中人员和牲畜等承载体对雪灾表现出的可能受到的伤害或损失的性质。雪灾承载体脆弱性分析是指人员和牲畜等承载体受到雪灾风险冲击时伤害或损失程度，它是承载体可获得的能够降低雪灾风险程度的所有能力和资源的组合。一个区域的暴露性大，涉及的牲畜、人口越多，雪灾脆弱性就越高，可能受到的潜在损失程度也越大，雪灾风险也越大。随着经济的发展，牧民在自己的草场上定居和舍饲畜牧业的发展，草原牧区抵御雪灾的能力不断加强，雪灾造成的牲畜死亡损失正在降低。因此结合内蒙古草原牧区的实际情况，本研究利用雪灾直接经济损失与积雪指标的关系曲线表示雪灾承载体的脆弱性。

1. 积雪指标和直接经济损失的拟合曲线

上述的内蒙古积雪时空特征和雪灾快速监测技术研究表明，内蒙古的雪灾多发区主要是内蒙古的中部和东北部的锡林郭勒草原和呼伦贝尔草原牧区。因此，本研究选取锡林郭勒盟和呼伦贝市的草原牧区，利用 ArcGIS 软件的 Zonal Statistics as Table 模块提取 1979—2004 年的每年各旗县的积雪指标。另外灾情数据库（1978—2004 年）是按旗县统计的，分析按每年的锡林郭勒盟和呼伦贝市的草原牧区的平均直接经济损失数据，并与对应的平均积雪指标之间进行拟合。为了能更好地显示平均直接经济损失和积雪指标之间的函数关系，首先将积雪指标取对数，然后和平均直接经济损失数据进行拟合，图 5-17 中 x 轴为取对数后的积雪指标，y 轴为直接经济损失。拟合曲线表明积雪指标越大直接经济损失就越大，也就是承载体的脆弱性越大。

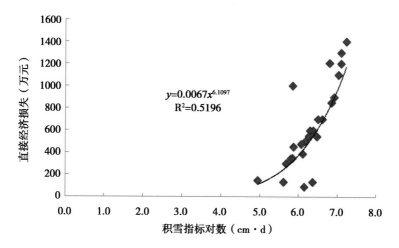

$$y=0.0067x^{6.1097}$$
$$R^2=0.5196$$

图 5-17　直接经济损失和积雪指标的拟合

**Fig. 5-17　Fitting for direct economic loss and snow cover index**

2. 内蒙古雪灾等级临界积雪指标确定

根据牧区雪灾国家标准的不同等级雪灾的受灾情况，先得出牲畜死亡数，然后从雪灾灾情统计数据库里得出对应的直接经济损失，并由上述直接经济损失和积雪指标的拟合曲线计算出不同等级雪灾的积雪指标临界值（表 5-9）。

表 5-9　内蒙古草原牧区不同等级雪灾积雪指标临界值

Tab. 5-9　The threshold value of different grades snow disaster
index in Inner Mongolia grassland pastoral area

| 雪灾等级 | 等级 | 牲畜死亡数（头） | 积雪指标（cm·d） |
|---|---|---|---|
| 轻灾 | 1 | 影响牛的采食，对羊的影响尚小，而对马则无影响，家畜死亡在 5 万头（只）以下 | 90≤JX<400 |
| 中灾 | 2 | 影响牛、羊采食，对马的影响尚小，家畜死亡在 5 万~10 万头（只） | 400≤JX<900 |
| 重灾 | 3 | 影响各类家畜的采食，牛、羊损失较大，出现死亡，家畜死亡在 10 万~20 万头（只） | 900≤JX<2000 |
| 特大灾 | 4 | 影响各类家畜的采食，如果防御不当将造成大批家畜死亡，家畜死亡在 20 万头（只）以上 | JX≥2000 |

3. 雪灾风险区划

根据上述确定的内蒙古草原牧区不同雪灾等级积雪指标临界阈值，分别计算从 1979—2012 年共 33 年中的内蒙古草原牧区的各格网点发生的轻度雪灾、中度雪灾、重度雪灾和特大雪灾频率，并制作了内蒙古草原牧区不同雪灾等级风险区划分布。

从图 5-18 中看出，轻度雪灾容易发生的区域分布在锡林郭勒盟的东乌珠穆沁旗中部和西部、西乌珠穆沁旗、锡林浩特市、阿巴嘎旗、苏尼特左旗东北部、正镶蓝旗、多伦东部和西部、正镶白旗东部；乌兰察布市的卓资县、察哈尔右翼中旗南部和凉城县；呼和浩特市的和林县、武川县和呼和浩特市区；包头市的固阳县中部；赤峰市的克什克腾旗中南部、林西县、巴林左旗北部和阿鲁科尔沁旗北部和敖汉旗中部地区；通辽市扎鲁特旗东北部地区；兴安盟的科右中旗北部、突泉县北部、科右前旗西南部、扎赉特旗西南部等地区；呼伦贝尔市的新巴尔虎右旗和新巴尔虎左旗西北部地区。这些地区发生轻度雪灾的频率为 40%~76%，其余地区发生轻度雪灾的频率较低。

从图 5-19 看出，中度雪灾容易发生的区域主要分布在锡林郭勒盟的阿巴嘎旗的北部和南部地区、苏尼特左旗东北部地区、正蓝旗北部地区、西乌珠穆沁旗南部地区、东乌珠穆沁旗等地区；赤峰市克什克腾旗、林西县西南部地区、阿鲁科尔沁旗西北部地区；通辽市霍林郭勒市和扎鲁特旗西北部的系部分地区；兴安盟的科右中旗西北部的小部分地区、科右前旗中部的小部分地区；呼伦贝尔市的新巴尔虎右旗北部地区、新巴尔虎左旗中部和北部、陈巴尔虎旗的西部地区和鄂温克自治旗的西部地区等。这些地区中度雪灾发

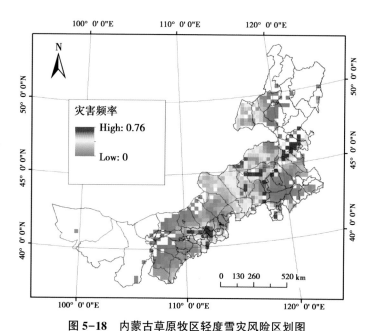

**图 5-18 内蒙古草原牧区轻度雪灾风险区划图**

**Fig. 5-18 Risk zoning map of light snow disaster in Inner Mongolia grassland pastoral area**

生的频率为 34%~67%，其余地区中度雪灾发生的频率较小。

从图 5-20 看出，重度雪灾容易发生的区域主要分布在锡林郭勒盟的阿巴嘎旗的中部及东北部和东南部的小部分地区、正蓝旗东部地区、锡林浩特市的北部及中东部地区、西乌珠穆沁旗中部和东部地区、东乌珠穆沁旗等地区；赤峰市的克什克腾旗的中部和东部地区、阿鲁科尔沁旗的西北角等地区；通辽市霍林郭勒市；兴安盟的科右中旗西北角地区；呼伦贝尔市的新巴尔虎右旗北部的小部分地区、西巴尔虎右旗、陈巴尔虎旗和鄂温克自治旗的西部地区。这些地区重度雪灾发生的频率为 40%~79%，其余地区重度雪灾发生的频率较低。

从图 5-21 看出，特大雪灾容易发生的区域分布在东乌珠穆沁旗东北部地区、新巴尔虎左旗南部地区、陈巴尔虎旗中北部地区和鄂温克自治旗西部地区等。这些地区特大雪灾发生的频率为 19%~38%，其余地区发生特大雪灾的频率较小。

综上所述，内蒙古草原牧区以发生轻度雪灾和重度雪灾为主，轻度雪灾发生的频率最高为 76%，并且发生轻度雪灾的范围大，包括整个锡林郭勒

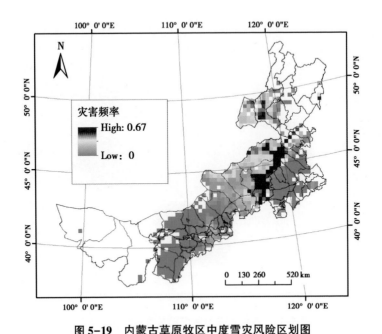

**图5-19 内蒙古草原牧区中度雪灾风险区划图**

**Fig. 5-19 Risk zoning map of moderate snow disaster in Inner Mongolia grassland pastoral area**

草原、呼伦贝尔草原以及乌兰察布高原地区。重度雪灾发生的频率最高为79%，发生重度雪灾的区域主要分布在锡林郭勒草原和呼伦贝尔草原牧区。这些地区都是畜牧业为主的区域，一旦雪灾发生，损失惨重。应合理规划草地资源，做好防灾减灾的基础设施的建设，加强依靠科技的防灾减灾能力。

## 第五节　结论与讨论

主要研究了草地雪灾风险形成机理与评价方法、内蒙古雪灾时空特征以及内蒙古草原牧区雪灾风险评价。利用《内蒙古气象灾害大典·内蒙古卷》、《内蒙古统计年鉴》、内蒙古民政厅提供的《内蒙古实际灾情统计数据（1978—2004）》，分析了内蒙古雪灾时空特征。在时间上，1978—2004年内蒙古雪灾发生频次基本呈波状增加的趋势，20世纪80年代雪灾发生频率趋于平稳，90年代后期雪灾发生频率增加并出现高潮，1995年后有明显增加的趋势。在空间上，内蒙古雪灾主要发生在新巴尔虎左旗、东乌珠穆沁

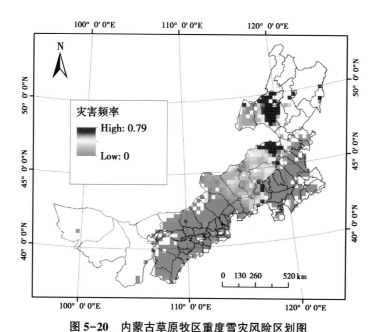

**图 5-20　内蒙古草原牧区重度雪灾风险区划图**

**Fig. 5-20　Risk zoning map of worse snow disaster in Inner Mongolia grassland pastoral area**

旗、西乌珠穆沁旗，阿巴嘎旗、苏尼特左旗、乌拉特后旗和磴口县等旗县。

利用中国被动微波遥感逐日雪深长时间序列数据集（1978—2012 年）和雪灾灾情统计数据，建立积雪指标评估了内蒙古草原牧区致灾因子危险性。内蒙古呼伦贝尔草原和锡林郭勒草原区的雪灾致灾因子危险性高，其余地区的危险性相对低，其中致灾因子危险性最高的区域主要分布在东乌珠穆沁旗东北部、新巴尔虎左旗南部、陈巴尔虎旗西部和鄂温克旗西部。这个结果吻合上述实际灾情统计的雪灾频率图。然后，利用雪灾直接经济损失与积雪指标之间建立拟合曲线表示雪灾承载体的危险性，积雪指标越大，直接经济损失就越大。根据牧区雪灾国家标准的不同等级雪灾的受灾情况、上述积雪指标和直接经济损失的拟合曲线计算出不同等级雪灾的积雪指标临界值，进行内蒙古草原牧区 33 年（1979—2012 年）的不同等级雪灾风险区划。揭示了内蒙古草原牧区以发生轻度雪灾和重度雪灾为主，轻度雪灾发生的频率最高为 76%，并且发生轻度雪灾的范围大，包括整个锡林郭勒草原、呼伦贝尔草原以及乌兰察布高原地区。重度雪灾发生的频率最高为 79%，发生重度雪灾的区域主要分布在锡林郭勒草原和呼伦贝尔草原牧区。

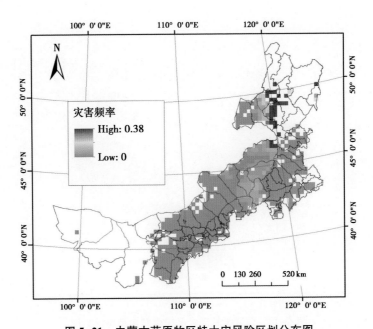

**图5-21　内蒙古草原牧区特大灾风险区划分布图**

**Fig. 5-21　Risk zoning map of the worst snow disaster in Inner Mongolia grassland pastoral area**

雪灾风险区划方面考虑到实际业务中服务，利用中国被动微波遥感逐日雪深长时间序列数据集（1978—2012年）和雪灾灾情统计数据，建立积雪指标对内蒙古草原牧区雪灾风险区划，吻合内蒙古的实际雪灾风险情况。但是草原牧区的牲畜的死亡数和直接经济损失不仅与雪灾有关系，还与夏天的干旱（旱灾）、冬天的大量的降雪（雪灾）和冬天的持续低温（冰冻灾害）等共同影响牧区的损失。因此，今后的研究当中要考虑旱灾、雪灾和冰冻灾害的灾害链来分析风险区划。

# 第六章　内蒙古草原牧区雪灾监测与风险评价辅助决策系统

## 第一节　系统设计目标与总体结构

牧区雪灾涉及草地、积雪、气象、畜牧、社会经济等众多因素，其发生具有一定的不确定性和随机性。本研究以内蒙古草原牧区为研究对象，综合集成雪情、草情、气象、家畜以及社会经济等关键指标的空间数据库，采用上述研究的内蒙古积雪时空动态监测、基于FY-3B微波数据的雪深反演模型、内蒙古草原牧区雪灾快速监测技术和雪灾风险评价方法为基础，建立基于3S技术的内蒙古草原牧区雪灾监测与风险评价辅助决策支持系统，为内蒙古草原牧区雪灾监测与风险评价提供技术支撑。同时，在牧区雪灾应急管理和防灾减灾中引入3S技术，提高了政府管理部门的工作效率，为内蒙古牧区雪灾快速监测以及风险评价等提供辅助决策支持，降低牧区雪灾对草地畜牧业可持续发展的影响，减少对草原牧区的生产生活造成的经济损失，为牧区雪灾应急管理和防灾减灾提供科学、系统、全面的数据准备和支持技术。

内蒙古草原牧区雪灾监测与风险评价系统总体结构采用以空间数据库为中心的辅助决策支持系统框架（图6-1）。积雪参数提取子模块是从MODIS积雪产品MOD10A2和中国逐日雪深被动微波遥感数据产品（1978—2012年）提取积雪面积、积雪日数、雪深、初雪日期和终雪日期等参数，获得内蒙古长时间序列的积雪时空特征。雪灾快速监测子模块是在内蒙古积雪时空特征的基础上，雪灾多发生区域能够快速实时的监测积雪覆盖范围、雪深和积雪持续时间等参数，并按照牧区雪灾国家标准来监测雪灾等级分布。风险评价子模块是利用遥感数据获取的33年的雪深和积雪日数以及实际灾情数据，制定积雪指标并确定适合内蒙古草原牧区雪灾发生的阈值，评价致灾因子的危险性、承载体的脆弱性和风险区划。

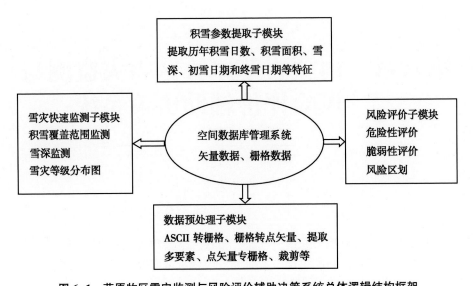

**图6-1** 草原牧区雪灾监测与风险评价辅助决策系统总体逻辑结构框架

**Fig. 6-1** **The framework of the aided decision system worked for snow disaster monitoring and riskassessment**

## 第二节　系统开发步骤

内蒙古草原牧区雪灾监测与风险评价辅助决策系统系统的开发有系统分析、系统设计、系统实施、系统评价及维护等4个步骤。系统分析阶段主要针对系统进行逻辑分析，解决需求功能的逻辑关系和数据支持系统的逻辑结构和关系；系统设计阶段主要包括数据库设计、功能模块的总体设计、详细设计和界面设计等，将系统由逻辑设计向物理设计过渡，为系统实施奠定基础；系统实施是按照系统设计的功能开始编写程序代码；系统评价将运行着的系统与预期目标进行比较，考察系统是否达到设计时所预定的效果（图6-2）。

## 第三节　系统分析

### 一、系统需求分析

内蒙古草原牧区雪灾监测与风险评价辅助决策系统是利用雪情、草情、

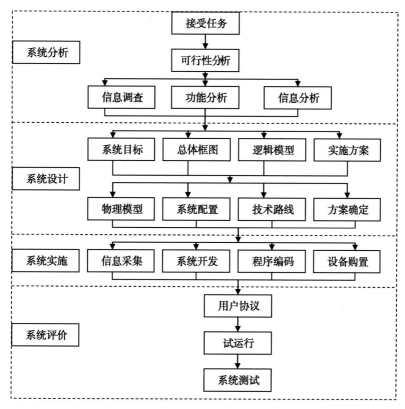

**图 6-2　雪灾监测与风险评价辅助决策系统开发步骤**

**Fig. 6-2　The development steps of the aided decision system worked for snow disaster monitoring and riskassessment**

气象、家畜以及社会经济等数据建立空间数据库，基于 3S 技术的牧区雪灾信息系统服务平台，另外也是为牧区雪灾的辅助决策信息服务系统，其用户群体主要包括牧民、政府管理部门和科技人员。对于系统管理人员用户来说，他们考虑利用用户权限管理，安全高效实时更新雪灾空间数据和管理雪灾的各种属性和空间数据库；对于从事牧区雪灾监测和救灾决策的用户而言，他们关心的是方便快捷地获取历史雪灾灾情信息以及长时间的积雪面积、积雪深度、积雪日数等积雪参数的动态时空监测信息和掌握目前的草情、牲畜情况和社会经济等统计数据；对于相关部门行政单位来说，一般需要准确掌握降后的积雪覆盖范围、积雪厚度以及积雪持续时间等信息，并十分关注积雪参数的动态特征以及分析积雪数据，综合评估积雪演变成雪灾的可能性，向大众发布相关防灾减灾方面的信息。

## 二、系统建设原则

1. 先进性、实用性原则

系统设计采用多层设计架构，结合 ESRI ArcGIS 先进系统开发平台软件，采用框架技术开发，支持二次开发接口。系统设计完全面向对象的设计方案，在设计思想、系统框架、采用技术、选用平台上均具有一定的先进性、前瞻性和扩充性。

2. 一致性、完整性原则

系统采用 C/S 结构，采用局域网内部使用交换机连接，实现数据的交换和信息共享以及数据更新和维护机制，以保证数据的一致性。

3. 标准化和规范化原则

软件设计和数据结构基础采用国土资源部城镇地籍数据库标准和土地利用数据库标准进行扩展，结合草场管理的需求设计。统一平台、统一数据标准、统一建库规范严格保证雪灾管理部门的业务流程和输出成果。

4. 开放性和可扩充性原则

雪灾监测与风险评价辅助决策系统结构设计时，采用面向对象的技术为系统提供接口；在功能实现上，考虑了雪灾空间数据库管理功能以及不同行业应用雪灾数据的问题；在软件的平台选型上，选用了 Visual CSharp 和 ArcEegine 为系统的发展和升级提供方便；在系统的数据库设计上注重对雪灾空间数据和非空间数据的描述和组织，采用 Open GIS 标准，实现一体化的存储和管理，为数据增值服务奠定了一定的基础；另外，雪灾系统的整体组合方面注重接口的设计，充分考虑本系统与其他系统的无缝连接。

5. 安全性、可靠性原则

系统的安全性问题是一个至关重要的问题，系统安全设计是系统设计的重点。具体雪灾辅助决策系统中，安全性需求主要体现为以下几点。

（1）多层次数据安全方案。

（2）软件安全、数据库安全相关措施。

（3）系统具有良好的安全控制性能，为保障系统安全，我们采用用户分级管理的方法，对不同身份的用户设置不同的角色和权限。每个用户只能进入各自权限内的功能模块，只能对有关数据进行相应级别的数据操作，如浏览、修改、添加和删除等。

6. 经济、时效性原则

系统建设将充分利用原有的资源，如二次土地详查数据、硬件、软件等，按"统筹规划、分步实施、试点先行"的原则在规定的时间内高质量、高效率的实现系统建设目标。系统实施采用先点后面，先建库后管理应用的步骤，逐步的完成系统的建设和实施。

# 第四节 系统设计

## 一、数据库设计

1. 系统数据说明

草原牧区雪灾监测与风险评价辅助决策支持系统数据库建设是整个系统良好运行的基础。本系统预采用空间数据库引擎技术将下面的数据进行统一管理。

（1）基础地理信息数据。包括内蒙古自治区的 1∶400 万的数据集、野外测量样点、高程等。

（2）专题数据。草地以及积雪参数（积雪面积、雪深、积雪日数、初雪日期和终雪日期）数据等。

（3）栅格数据。包括光学和被动微波遥感影像数据、样地照片等栅格数据。

（4）元数据。包括矢量数据元数据、DEM 元数据和 DOM 元数据等。

（5）其他数据。包括气象数据、社会经济及历年雪灾统计数据等。

设计的雪灾系统数据库结构，用户可根据要求对属性数据结构表等内容进行修改和扩充。

2. 数据库的组成

本系统以 ArcGIS 9.3 平台为基础，能在 SQL Server 数据库系统上运行，满足数据库之间的互联互通。空间要素分层及属性结构在属性数据库中结构合理。

（1）空间数据库。以 ArcGIS Server 10 为后台的空间数据库运行软件，空间数据库包括基础地理数据、MODIS 积雪产品、MODIS 反射率产品、MODIS 1B 数据、积雪覆盖率反演数据、FY-3B 微波成像仪（MWRI）亮温数据、FY-3B 被动微波遥感反演的雪深数据、中国被动微波遥感逐日雪深长时间序列数据集（1978—2012 年）、雪灾监测等级分布图、雪灾风险区划图等，其中，基础地理信息数据采用 ESRI Shapefile 文件格式进行存储，其余数据均采用 ESRI Grid 文件格式进行存储。

（2）关系型数据库。关系型数据库以 SQL Server 2005 为后台的数据库运行软件，主要包括草情数据、畜情数据、雪灾灾情数据、气象数据以及社会经济统计数据等。

3. 数据入库

本系统是在内蒙古的气象数据、草地数据、雪灾统计数据、社会经济数据及积雪参数等遥感数据的基础上建立的。在工作中采集了多种数据，包括调查统计数据、推理数据、图件数据、遥感数据等。再通过 ArcGIS 桌面软件进行拓扑处理、空间分析等操作，然后检查数据的正确性。各类数据进行检查和检验后导入雪灾系统的数据库。数据入库应支持标准（《地球空间数据交换格式》GB/T 17798）VCT 格式、GeoDatabase、Shape File 等文件格式的数据导入。

## 二、系统功能模块总体设计

按照系统功能的表示方法分类，可以分为 GIS 常规功能、专题功能两大类。两大类型功能共同支撑草原牧区雪灾监测与风险评价辅助决策支持系统，缺一不可，它们互为基础，互相补充，并且有部分子功能已经完全交叉和融合。具体设计方案如图 6-3 所示。

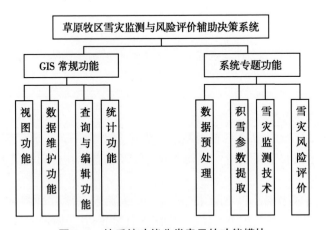

图 6-3　按系统功能分类表示的功能模块

Fig. 6-3　Functional module express by the system function classification

系统开发方式如下。

　　根据牧区雪灾防灾减灾管理工作的需要以及本系统的特点，系统采用模块化开发方式管理，内蒙古草原牧区雪灾监测与风险评价辅助决策系统分成GIS 常规功能、数据预处理子模块、积雪参数提取子模块、雪灾快速监测子模块和雪灾风险评价子模块 5 个功能，然后把这些模块集成在一起形成了牧区雪灾系统个系统。各子模块的功能特点如下。

　　1. GIS 常规功能

　　主要是各种数据的输入/输出、放大缩小等可视化功能、数据的查询、检索、统计和编辑功能以及数据的维护功能。

　　2. 数据预处理子模块

　　以内蒙古草原牧区的环境特征，雪灾监测、风险因素识别及风险分析前的数据预处理部分。主要包括 ASCII to Raster 模块、投影转换、裁剪、Raster to Point 模块、Extract Multi Values to Point 模块、Point to Raster 模块和栅格计算模块等数据的预处理功能。

　　3. 积雪参数提取子模块

　　从卫星遥感资料数据集和卫星遥感监测产品数据集提取积雪面积、积雪深度、积雪日数以及初雪日期和终雪日期等积雪参数。各子模块将通过这些数据集交换和获取完成本模块所需要的资料和数据。

　　4. 雪灾快速监测子模块

　　利用积雪覆盖率反演模型和雪深反演模型，快速实时监测草原牧区的积雪覆盖范围、雪深及积雪持续时间等，结合草情数据的牧草高度，按照牧区雪灾国家标准来划分雪灾等级分布图。

　　5. 雪灾风险评价子模块

　　利用雪深和积雪日数等建立积雪指标，评价草原牧区致灾因子的危险性和承载体的脆弱性。并确定适合内蒙古草原牧区雪灾发生积雪指数的阈值，评估雪灾风险区划。

## 三、详细功能设计

　　草原牧区雪灾监测与风险评价辅助决策支持系统主要包括：基础地理信息数据、草地数据、土地利用数据、气象数据、雪灾灾情数据、社会经济数据、光学和被动微波等遥感影像栅格数据、表格、文本等其他数据，具体内容如下（图 6-4）。

　　1. 数据编辑

　　（1）实现雪灾信息数据库的图形和属性编辑；提供修改、删除、切割

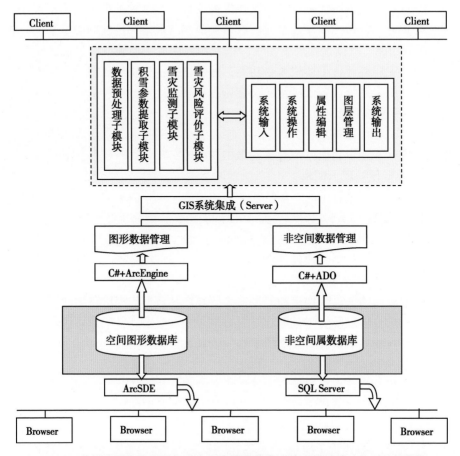

图6-4　草原牧区雪灾监测与风险评价辅助管理决策支持系统功能设计框架图

**Fig. 6-4　Framework for the function design of the aided decision system worked for snow disaster monitoring and risk assessment**

等图形编辑功能。提供属性字段的添加、删除等扩展功能。

（2）实现单个或批量雪灾图斑等要素的变更；如提供 SQL 输入接口，用户根据需求编写对应的查询语句批量修改要素属性。

（3）实现雪灾图斑等数据变更的历史管理，可以对每次变更记录进行历史追溯。

（4）变更雪灾图斑的获取支持直接录入坐标、直接在地图上用画图工具输入、直接导入坐标文件、支持从已有的 GPS 存档数据等导入。

（5）提供丰富、灵活、操作简便的数据编辑功能。具有对点、线、面等多种对象的延伸、连接、旋转、合并、分解等编辑功能和对编辑对象的捕捉功能。

2. 数据查询

（1）按属性查图。如按照行政区、雪灾等级、权属信息等属性条件对地类图斑、线状地物等数据进行查询。

（2）按图斑查属性。如在地图上任意划定区域或导入区域范围坐标点进行空间查询。空间查询能够和属性条件结合查询，如查找特定空间范围的某一积雪参数图斑信息。还可以对图斑进行闪烁和居中的显示操作，也可以直接将图斑导出成文件和直接打印出图。

（3）对查询结果能够快速地在图形上定位、闪烁、选中、统计及导出等操作。

3. 统计分析

（1）雪灾等级构成分析。可以按照行政区、雪深、积雪面积分别统计雪灾等级的面积和图斑数量，生成直方图、饼状图和报表。

（2）自定义区域分析。在显示的地图上任意划定一个区域（多边形），统计该区域下的雪灾等级的面积。

（3）指定区域雪灾等级分析。在地图上任意划定一个区域，统计该区域下的雪灾等级情况。

（4）统计雪灾风险区划信息：根据行政界线、风险等级信息计算统计雪灾风险区划信息。

4. 数据转换

（1）能够支持数据按照国际通用格式（Shape 格式）导入导出。支持 FileDatabase，PersonalDatabase，ArcSDE 格式的数据的导入。

（2）能够支持 XML 格式，KML 格式导入导出。

（3）能够在西安 80 坐标系、北京 54 坐标系和 WGS 坐标系之间转换，可以转换等面积和等角投影转换。输入的坐标用户可以定制，系统将会自动转换成可识别的格式。

5. 影像管理

（1）能够导入、调阅不同年度的影像数据，实现影像数据的对比浏览。

（2）支持 TM、MODIS 和被动微波遥感影像等常用遥感数据的导入。

（3）系统支持栅格数据和矢量数据的叠加分析和浏览。

6. 数据预处理

通过 ArcEngine 调用 ArcToolBox 工具的文本转换栅格、栅格转换点矢量专题、投影转换、裁剪、从点矢量提取、多要点矢量转换为栅格数据以及栅格数据计算等功能，实现积雪参数提取子模块、雪灾监测子模块和雪灾风险评价子模块之前的数据预处理。

7. 积雪参数提取

上述数据预处理的基础上，从卫星遥感资料数据集和卫星遥感监测产品数据集提取日、月和年等不同时间尺度的积雪面积、积雪深度、积雪日数等积雪参数，以及提取本研究定义的初雪日期和终雪日期等数据。完成内蒙古长时间序列的积雪时空特征。

8. 雪灾监测

（1）积雪面积的监测时，利用光学遥感的反射率产品计算归一化差值的积雪指数，采用张颖等的分段积雪覆盖率反演模型，快速监测草原牧区的积雪覆盖范围。如灾情紧急需要实时跟踪监测时，采用 MODIS1B 数据来反演积雪覆盖率。实现快速监测积雪面积。

（2）积雪深度监测时，利用国产卫星 FY-3B 微波成像仪（MWRI）的亮温数据，采用第四章提出的基于风云 3B 的适合于内蒙古草原牧区雪深反演模型，反演草原牧区的积雪深度。

（3）上述反演的积雪面积和积雪深度叠加，得到内蒙古草原牧区的积雪覆盖区域和积雪深度图，用监测时间来确定积雪持续时间，结合草情数据的牧草高度，按照牧区雪灾国家标准来划分雪灾等级分布图。

9. 雪灾风险评价

利用遥感影像提取的长时间序列的雪深和积雪日数等建立积雪指标，结合灾情统计数据，评价内蒙古草原牧区致灾因子的危险性和承载体的脆弱性。并确定适合内蒙古草原牧区雪灾发生积雪指数的阈值，评估雪灾风险区划。

10. 图件输出

（1）日常图件输出。按照行政界线（全市、区、乡镇）生成积雪参数时空特征图、雪灾等级图、雪灾风险区划图等。

（2）年度图件更新。年度图件更新包括年度积雪时空特征图。

（3）历史图件成果管理。主要包括对历年保存的编图文件的管理，历史生成的图件可以存档管理。

11. 数据检查

（1）数据库结构检查，导出的历史数据或单位之间共享数据导入等操作时检查数据结构的正确性。

（2）属性正确性检查，主要包括字段非空检查、枚举字段检查、重复编号检查、字段长度检查和字段阈值检查。

（3）图形正确性检查，如线物不能自相交、面状要素不能有悬挂点、草场图斑层中不能存在复合要素等。

（4）图形拓扑检查，如草场图斑中各要素之间不能相交和存在缝隙、草场图斑不能跨越行政区等。

12. 用户管理与权限控制

能够根据不同的权限对用户进行分级，灵活的定制不同用户的数据浏览范围和操作权限。能够实现数据库的备份与恢复，记录每个用户的重要操作，实现合理日志管理。

## 四、界面设计

系统的界面设计主要包括 GIS 的功能的界面、数据预处理界面、积雪参数提取界面、雪灾监测界面、雪灾风险区划界面的设计（图 6-5～图6-8）。

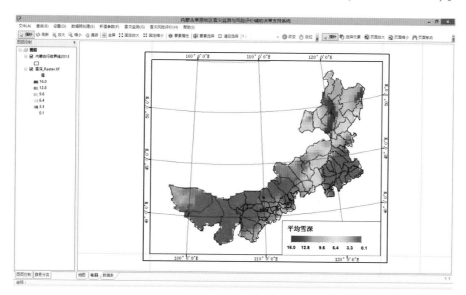

图 6-5　系统主界面

Fig. 6-5　Main interface of the system

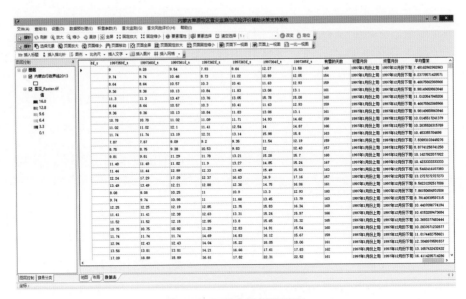

图 6-6 积雪参数提取界面

Fig. 6-6 The interface for snow parameter extraction

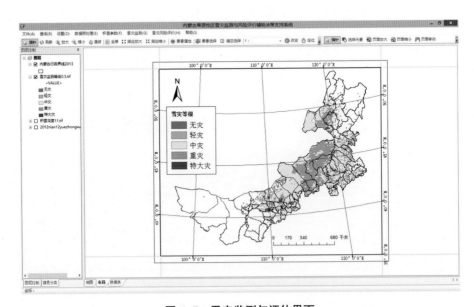

图 6-7 雪灾监测与评估界面

Fig. 6-7 Interface of the snow disaster monitoring and evaluation

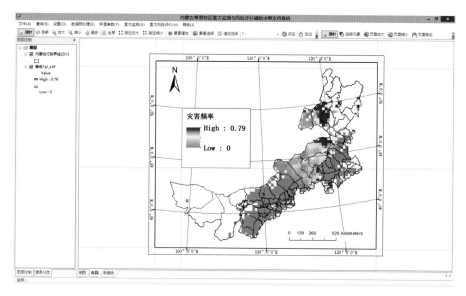

**图 6-8　雪灾风险区划界面**

**Fig. 6-8　Interface of snow disaster risk zone**

# 第五节　系统实施

根据内蒙古草原牧区雪灾监测与风险评价辅助决策系统的系统分析和系统设计的成果，按照系统的数据预处理模块、GIS 功能模块、积雪参数提取模块、雪灾快速监测与评估模块和雪灾风险评价模块进行逐步程序编码，完成软件系统的构建。另外也要根据系统需求进行硬件和其他支持系统的配置。

（1）本系统是基于 ArcGIS Engine 来开发的，需要软件的引进及调试和系统硬件的配置，为后续工作打下坚实基础。

（2）程序编码及系统测试，按照系统的各模块要求，采用 Visual C#语言为开发平台，借助 ARCGIS 软件的 ArcEngine 开发工具进行编程，将各模块集成地理空间数据库中形成雪灾监测与风险评价辅助系统。系统测试时，编写出一个模块后就对其作单元测试；在每个模块继承后，对软件系统还要进行组装测试和其他综合测试。

系统模块实现的部分代码：

private void axMapControl1＿OnMouseDown（object sender, ESRI. ArcGIS.

```
Controls.IMapControlEvents2_ OnMouseDownEvent e)
        {
            if ( e.button = = 2)
            {
                if ( PublicFunction.CheckLayerType( axMapControl1) )
                {
                    PublicFunction.ClickSelectAtOneLayer( axMapControl1, PublicParameter.specialLayerName, e.x, e.y) ;
                    selectedFeatrue = PublicFunction.GetSelectedFeatrueByLayerName( axMapControl1, PublicParameter.specialLayerName) ;
                    if ( selectedFeatrue = =null)  return;
                    contextMenuStrip1.Show( axMapControl1, e.x, e.y) ;
                }
            }
        }

        private void buttonItem5_ Click_ 1( object sender, EventArgs e)
        {
            Sync.pOpenProject( ) ;
            InintializeTree( ) ;
            LogManager.WriteLog( LogFile.Trace, "打开地图文件") ;
        }

        private void advTree1_ NodeMouseDown( object sender, DevComponents.AdvTree.TreeNodeMouseEventArgs e)
        {
            PublicFunction.ZoomToFeatureByName( axMapControl1, PublicParameter. AdvTreeLayerName, PublicParameter. AdvTreeFieldName, e. Node.Text) ;
        }

        private void buttonItem21_ Click( object sender, EventArgs e)
        {
```

```
        LayStructureFrm frm = new LayStructureFrm( ) ;
        frm.ShowDialog( this) ;
        LogManager.WriteLog( LogFile.Trace, "图层标准管理") ;
    }


    private void buttonItem22_ Click( object sender, EventArgs e)
    {
        JLQ.Winforms.DataMngFrm dataMgr = new DataMngFrm( ) ;
        dataMgr.ShowDialog( this) ;
        LogManager.WriteLog( LogFile.Trace, "数据管理") ;
    }


    private void buttonItem24_ Click( object sender, EventArgs e)
    {
        SDELinker sdeLinker = new SDELinker( ) ;
        sdeLinker.ShowDialog( ) ;
        LogManager.WriteLog( LogFile.Trace, "SDE 连接设置") ;
    }


    private void buttonItem23_ Click( object sender, EventArgs e)
    {
        SQLLinker sqlLinker = new SQLLinker( ) ;
        sqlLinker.ShowDialog( ) ;
        LogManager.WriteLog( LogFile.Trace, "数据库连接设置") ;
    }


    private void buttonItem13_ Click_ 1( object sender, EventArgs e)
    {
        ManageUser userManager = new ManageUser( ) ;
        userManager.Show( this) ;
    }


    private void buttonItem25_ Click( object sender, EventArgs e)
```

```
            {
                    frmOperatorManager frmModifyOperatorPassword = new frmOp-
eratorManager( _ currentOperator, this.bar1, true) ;
                    frmModifyOperatorPassword.ShowDialog( ) ;
                    LogManager.WriteLog( LogFile.Trace, "修改密码") ;
            }

            private void biSave_ Click( object sender, EventArgs e)
            {
                Sync.mSaveProject( ) ;
                LogManager.WriteLog( LogFile.Trace, "保存") ;
            }

            private void biSaveAs_ Click( object sender, EventArgs e)
            {
                Sync.mSaveAsProject( ) ;
                LogManager.WriteLog( LogFile.Trace, "另存为") ;
            }

            private bool haveLayer( )
            {
                if ( axMapControl1.LayerCount = = 0)  return false;
                for ( int p = 0 ;  p < axMapControl1.LayerCount;  p++)
                {
                        IFeatureLayer pFeatureLayer = axMapControl1.get_ Layer
( p)  as IFeatureLayer;
                        if ( pFeatureLayer. Name = = PublicParameter. AdvTreeL-
ayerName)  return true;
                }
                    return false;
            }

            public void InintializeTree( )
```

```
        {
            if ( haveLayer( ) )
            {
                advTree1.Nodes.Clear( ) ;
                        PublicFunction. InitializeAdvTreeFromMapCon-
trolByLayerNameAndFieldName ( axMapControl1, advTree1, PublicParameter. Ad-
vTreeLayerName, PublicParameter.AdvTreeFieldName) ;
                advTree1.ExpandAll( ) ;
            }
        }


        private void buttonItem26_ Click( object sender, EventArgs e)
        {
            ManageDataStandard dataStandard = new ManageDataStandard
( ) ;

            dataStandard.ShowDialog( ) ;
            LogManager.WriteLog( LogFile.Trace, "数据标准管理") ;
        }


        private void buttonItem13_ Click( object sender, EventArgs e)
        {
            AboutForm AboutForm1 = new AboutForm( ) ;
            AboutForm1.ShowDialog( ) ;
            LogManager.WriteLog( LogFile.Trace, "关于系统") ;
        }


        private void 文本转栅格_ Click( object sender, EventArgs e)
        {
            openAccess( ) ;
        }


        private string getMonth( string fieldName)
        {
```

```
        int year = int.Parse( fieldName.Substring( 0, 4) ) ;
        int day = int.Parse( fieldName.Substring( 4, 3) ) ;
        string shangxia = ( ( day % 30) >= 15) ? "下": "上";
        return year+"年"+getMonth( day) +"月份"+shangxia+"旬";
}

private int getMonth( int day)
{
        int month;
        if ( day <= 31)  month = 1;
        else if ( day <= 60)  month = 2;
        else if ( day <= 91)  month = 3;
        else if ( day <= 121)  month = 4;
        else if ( day <= 152)  month = 5;
        else if ( day <= 182)  month = 6;
        else if ( day <= 213)  month = 7;
        else if ( day <= 244)  month = 8;
        else if ( day <= 274)  month = 9;
        else if ( day <= 305)  month = 10;
        else if ( day <= 335)  month = 11;
        else  month = 12;


        return month;
}

private void openAccess( )
{
        openFileDialog1.Title = "选择文件( 1997—2003) ";
        openFileDialog1.Filter = " * .mdb | * .mdb";
        if ( openFileDialog1.ShowDialog( ) == DialogResult.OK)
        {
                access.OpenAccess( openFileDialog1.FileName) ;
                dt = access.QuerySelect( "select * from [ d11] ") .Tables
```

[0];

```
                    dataGridView1.DataSource = dt;
            }
    }

    void addColumn( string fieldName)
    {
        access.QueryExcute( "alter table [ d11] add column [ "+field-
Name+"] varchar( 100) ; ") ;
    }

    private void buttonItem35_ Click( object sender, EventArgs e)
    {
        if ( dt = = null | |  dt.Rows.Count = = 0)
        {
            MessageBox.Show( "请先打开数据! ") ;
            return;
        }
        progressBar1.Maximum = dt.Rows.Count;
        progressBar1.Value = 0;

        addColumn( "有雪的天数") ;
        for ( int j = 0; j < dt.Rows.Count; j++)
        {
            int columnCount = dt.Columns.Count;
            int sum = 0;
            for ( int i = 1; i < columnCount; i++)
            {
                if ( dt.Columns[ i] .Caption = = "POINTID") contin-
ue;
                if ( dt.Columns[ i] .Caption = = "初雪月份" | |  dt.
Columns[ i] .Caption = = "终雪月份" | |  dt.Columns[ i] .Caption = = "平均雪深"
| |  dt.Columns[ i] .Caption = = "有雪的天数") break;
```

```
                    if ( dt.Rows[ j] [ i] .ToString( ) ! ="" && double.
Parse( dt.Rows[ j] [ i] .ToString( ) ) > 0)
                        {
                            sum++;
                        }
                    }
                    string sqlStr ="update [ d11]  set [ 有雪的天数] ="+sum
+" where [ POINTID] ="+int.Parse( dt.Rows[ j] [ 0] .ToString( ) );
                    access.QueryExcute( sqlStr) ;
                    progressBar1.Value++;
                }

                progressBar1.Value=0;

                dt=access.QuerySelect( "select * from [ d11] ") .Tables[ 0] ;
                dataGridView1.DataSource=dt;
            }

            private void buttonItem36_  Click( object sender, EventArgs e)
            {
                if ( dt==null | |  dt.Rows.Count==0)
                {
                    MessageBox.Show( "请先打开数据! ") ;
                    return;
                }
                progressBar1.Maximum=dt.Rows.Count;
                progressBar1.Value=0;
                addColumn( "初雪月份") ;
                for ( int j=0;  j < dt.Rows.Count;  j++)
                {
                    for ( int i=1;  i+14 < dt.Columns.Count;  i++)
                    {
                        if ( dt.Columns[ i+14] .Caption=="有雪的天数" |
```

```
|| dt.Columns[ i+14] .Caption = = "终雪月份" || dt.Columns[ i+14] .Caption =
= "平均雪深" || dt.Columns[ i+14] .Caption = = "初雪月份")  break;
                    if ( dt.Rows[ j] [ i] .ToString( )  ! = "" && double.
Parse( dt.Rows[ j] [ i] .ToString( ) ) > 0 && double.Parse( dt.Rows[ j] [ i+14] .ToS-
tring( ) ) > 0)
                        {
                            string fieldName = dt.Columns[ i] .Caption;
                            string sqlStr = "update [ d11]  set [ 初雪月份]
= '''+getMonth( fieldName) +'" where [ POINTID] = "+int.Parse( dt.Rows[ j] [ 0] .To-
String( ) ) ;
                            access.QueryExcute( sqlStr) ;
                            break;
                        }
                    }
                    progressBar1.Value++;
                }
                progressBar1.Value = 0;
                dt = access.QuerySelect( "select * from [ d11] ") .Tables[ 0] ;
                dataGridView1.DataSource = dt;
            }


        private void buttonItem37_ Click( object sender, EventArgs e)
        {
            if ( dt = = null ||  dt.Rows.Count = = 0)
            {
                MessageBox.Show( "请先打开数据! ") ;
                return;
            }
            progressBar1.Maximum = dt.Rows.Count;
            progressBar1.Value = 0;
            addColumn( "终雪月份") ;
            for ( int j = 0;  j < dt.Rows.Count;  j++)
            {
```

```
                    for ( int i=dt.Columns.Count-1; i > 14; i--)
                    {
                            if ( dt.Columns[ i] .Caption = ="有雪的天数" ||
dt.Columns[ i] .Caption = ="终雪月份" ||  dt.Columns[ i] .Caption = ="初雪月
份" ||  dt.Columns[ i] .Caption = ="平均雪深")  continue;
                            if ( dt.Columns[ i-14] .Caption = =" POINTID")
break;
                            if ( dt.Rows[ j] [ i] .ToString( )  ! ="" && double.
Parse( dt.Rows[ j] [ i] .ToString( ) )  > 0 && double.Parse( dt.Rows[ j] [ i-14] .ToS-
tring( ) )  > 0)
                            {
                                    string fieldName=dt.Columns[ i-14] .Caption;
                                    string sqlStr="update [ d11]  set [ 终雪月份]
="'+getMonth( fieldName) +'" where [ POINTID] = "+int.Parse( dt.Rows[ j] [ 0] .To-
String( ) ) ;
                                    access.QueryExcute( sqlStr) ;
                                    break;
                            }
                    }
                    progressBar1.Value++;
            }
            progressBar1.Value=0;
            dt=access.QuerySelect( "select * from [ d11] ") .Tables[ 0] ;
            dataGridView1.DataSource=dt;
    }


    private void buttonItem38_ Click( object sender, EventArgs e)
    {


    }


    private void buttonItem39_ Click( object sender, EventArgs e)
    {
```

```
if ( dt = = null  | |  dt.Rows.Count = = 0)
{
    MessageBox.Show( "请先打开数据!" ) ;
    return;
}
progressBar1.Maximum = dt.Rows.Count;
progressBar1.Value = 0;
addColumn( "平均雪深") ;
for ( int j = 0;  j < dt.Rows.Count;  j++)
{
    double zongxueshen = 0;
    int tianshu = 0;
    for ( int i = 1;  i+14 < dt.Columns.Count;  i++)
    {
        if ( dt.Columns[ i+14] .Caption = = "有雪的天数" |
| dt.Columns[ i+14] .Caption = = "终雪月份"  | |  dt.Columns[ i+14] .Caption =
= "初雪月份"  | |  dt.Columns[ i+14] .Caption = = "平均雪深"  | |  dt.Columns
[ i+14] .Caption = = "POINTID")  continue;
        if ( dt.Rows[ j] [ i] .ToString( )  ! = "")
        {
            double shen = double.Parse( dt.Rows[ j] [ i] .To-
String( ) ) ;
            if ( shen > 0)
            {
                zongxueshen+ = shen;
                tianshu++;
            }
        }
    }
    double pingjunzhi = zongxueshen / tianshu;
    string sqlStr = " update [ d11]  set [ 平均雪深] ='" +
pingjunzhi+"'where [ POINTID] = "+int.Parse( dt.Rows[ j] [ 0] .ToString( ) ) ;
    access.QueryExcute( sqlStr) ;
```

```
                progressBar1.Value++;
            }
            progressBar1.Value = 0;
            dt = access.QuerySelect("select * from [ d11]").Tables[ 0];
            dataGridView1.DataSource = dt;
        }
    }
```

# 第六节　系统评价

在得到目标系统后，需要将运行着的系统与预期目标进行比较，考察是否到达了系统设计时所预定的效果。主要包括：①系统效率与可靠性。系统能否及时向用户提供有用的信息、所提供信息的地理精度如何、系统操作是否方便、系统出错如何等。系统的可靠性评价、系统的稳定性、有关数据文件和程序是否妥善保存等。②系统可扩展性，任何系统的开发都是从简单到复杂的不断求精和完善的过程。系统建成后，要使现行系统上增加功能模块，就需要在设计时留有接口。③系统的效益，包括经济效益和社会效益。GIS 的经济效益主要体现在促进生产力与产值的提高，减少盲目投资，降低工时耗费，减轻灾害损失等方面。GIS 的社会效益主要体现在信息共享的效果，数据采集和处理的自动化水平，地学综合分析能力，系统智能化技术的发展，系统决策的定量化和科学化，系统应用的模型化以及人才培养等方面。

# 第七节　小　结

以本研究提出内蒙古草原牧区雪灾快速监测技术和雪灾风险评价方法为基础，本章主要介绍内蒙古草原牧区雪灾监测与风险评价辅助管理系统研发的思路与方法。从系统设计目标与总体结构、系统开发步骤、系统分析、系统数据库设计、系统功能设计、系统界面设计、系统实施与系统评价等内容的介绍。以 Visual C#语言为开发平台，借助 ARCGIS 软件的 ArcEngine 开发包，设计实现了数据预处理模块、积雪参数提取模块、雪灾快速监测技术以及雪灾风险评价模块。最终开发实现了内蒙古草原牧区雪灾监测与风险评价辅助决策系统。

# 参考文献

白淑英，史建桥，高吉喜，等.2014.1979—2010 年青藏高原积雪深度时空变化遥感分析［J］. 地球信息科学学报，4：628-637.

白淑英，史建桥，沈渭寿，等.2014.近 30 年西藏雪深时空变化及其对气候变化的响应［J］. 国土资源遥感，26（1）：144-151.

柏延臣，冯学智，李新，等.2001.基于被动微波遥感的青藏高原雪深反演及其结评价［J］. 遥感学报，5（3）：161-165.

包刚，覃志豪，包玉海，等.2013.1982—2006 年蒙古高原植被覆盖时空变化分析［J］. 中国沙漠，33（3）：918-927.

边多，董妍，边巴次仁，等.2005.基于 MODIS 资料的西藏遥感积雪监测业务化方法［J］. 气象科技，36（3）：345-348.

曹梅盛，李培基.1994.中国西部积雪微波遥感监测［J］. 山地研究，12（4）：230-234.

曹梅盛，李新，陈贤章，等.2006.冰冻圈遥感［M］. 北京：科学出版社.

曹云刚，刘闯.2006.一种简化的 MODIS 亚像元积雪信息提取方法［J］. 冰川冻土，28（4）：562-567.

车涛，李新，高峰.2004.青藏高原积雪深度和雪水当量的被动微波遥感反演［J］. 冰川冻土，26（3）：363-368.

车涛，李新.2004.利用被动微波遥感数据反演我国积雪深度及其精度评价［J］. 遥感技术与应用，19（5）：301-306.

陈曦.2010.中国干旱区自然地理［M］. 北京：科学出版社.

陈晓娜，包安明，张红利，等.2010.基于混合像元分解的积雪面积信息提取及其精度评价——以天山中段为例［J］. 资源科学，32（9）：1761-1768.

陈彦清，杨建宇，苏伟，等.2010.县级尺度下雪灾风险评价方法［J］. 农业工程学报，26（S2）：307-311.

董芳蕾.2008.内蒙古锡林郭勒盟草原雪灾灾情评价与等级区划研究 [D].长春：东北师范大学.

都瓦拉.2012.内蒙古草原火灾监测预警及评价研究 [D].北京：中国农业科学院.

窦燕，陈曦，包安明，等.2010.2002—2006年中国天山山区积雪时空分布特征研究 [J].冰川冻土，32（1）：28-34.

方墨人，田庆久，李英成，等.2005.青藏高原MODIS图像冰雪信息挖掘与动态检测分析 [J].地球信息科学（4）：10-14.

冯学智，鲁安新，曾群柱.1997.中国主要牧区雪灾遥感监测评估模型研究 [J].遥感学报，1（2）：129-134.

冯学智，曾群柱，鲁安新，等.1996.我国主要牧区雪灾遥感监测与评估研究 [J].青海气象（4）：12-13.

冯学智，曾群柱.1995.西藏那曲雪灾的遥感监测研究 [C].中国科学院兰州冰川冻土研究所集刊（第8号），北京：科学出版社.

伏洋，肖建设，校瑞香，等.2010.基于GIS的青海省雪灾风险评估模型 [J].农业工程学报，26（1）：197-205.

高峰，李新，Armstrong R L，等.2003.被动微波遥感在青藏高原积雪业务监测中初步应用 [J].遥感技术与应用，18（6）：360-363.

宫德基，李彰俊.2000.内蒙古大（暴）雪与白灾的气候学特征 [J].气象，26（12）：27-31.

宫德吉，郝慕玲.1998.白灾成灾综合指数的研究 [J].应用气象学报，9（1）：120-123.

郭晓宁，李林，刘彩红.2010.青海高原1961—2008年雪灾时空分布特征 [J].气候变化研究进展，5（6）：332-337.

郭晓宁，李林，王发科.2012.基于实际灾情的青海高原雪灾标准研究 [J].气象科技，40（4）：676-679.

韩兰英，孙兰东，张存杰，等.2011.祁连山东段积雪面积变化及其区域气候响应 [J].干旱区资源与环境，25（5）：109-112.

郝璐，王静爱，满苏尔，等.2002.中国雪灾时空变化及畜牧业脆弱性分析 [J].自然灾害学报，11（4）：42-48.

郝晓华，王杰，王建，等.2012.积雪混合像元光谱特征观测及解混方法比较 [J].光谱学与光谱分析，32（10）：2753-2758.

何永清，周秉荣，张海静，等.2010.青海高原雪灾风险度评价模型与风险区划探讨［J］.草业科学，27（11）：37-42.

胡列群，张连成，梁凤超，等.2015.1960—2014年新疆气象雪灾时空分布特征研究［J］.新疆师范大学学报（自然科学版）（3）：1-6.

胡汝骥，魏文寿.1987.试论中国的雪害区划［J］.冰川冻土，9（增刊）：1-12.

胡汝骥.1982.试论中国积雪的分布规律［C］∥中国地理学会.冰川冻土学术会议论文选集：冰川学.北京：科学出版社.

黄晓东.2009.基于遥感与GIS技术的北疆牧区积雪监测研究［D］.兰州：兰州大学.

惠凤鸣，田庆久，李英成，等.2004.基于MODIS数据的雪情分析研究［J］.遥感信息（4）：35-37.

季泉，孙龙祥，王勇，等.2006.基于MODIS数据的积雪监测［J］.遥感信息（3）：57-58.

姜晓艳，刘树华，马明敏，等.2009.东北地区近百年降水时间序列变化规律的小波分析［J］.地理研究，2：354-362.

蒋玲梅，王培，张立新，等.2014.FY3B-MWRI中国区域雪深反演算法改进［J］.中国科学：地球科学，44（3）：531-547.

金冬梅.2006.吉林省城市干旱缺水风险评价指标体系与模型研究［D］.长春：东北师范大学.

李栋梁，刘玉莲，于宏敏，等.2009.1951—2006年黑龙江省积雪初终日期变化特征分析［J］.冰川冻土，31（6）：1011-1018.

李凡，侯光良，鄂崇毅，等.2014.基于乡镇单元的青海高原果洛地区雪灾致灾风险评估［J］.自然灾害学报，23（6）：141-148.

李甫，伏洋，肖建设，等.2005.青海省2008年年初雪灾及雪情遥感监测与评估［J］.青海气象（2）：61-64.

李海红，李锡福，张海珍，等.2006.中国牧区雪灾等级指标研究［J］.青海气象（1）：24-38.

李红梅，李林，高歌，等.2013.青海高原雪灾风险区划及对策建议［J］.冰川冻土，35（3）：656-661.

李金亚，杨秀春，徐斌，等.2011.基于MODIS与AMSR-E数据的中国6大牧区草原积雪遥感监测研究［J］.地理科学，31（9）：1097-1104.

李淼，夏军，陈社明，等.2011.北京地区近300年降水变化的小波分析［J］.自然资源学报，6：1001-1011.

李培基，米德生.1983.中国积雪的分布［J］.冰川冻土，5（4）：9-18.

李培基.1990.近30年来我国雪量变化的初步探讨［J］.气象学报，48（4）：433-437.

李培基.1998.中国西部积雪变化特征［J］.地理学报，48（6）：505-515.

李培基.1988.中国季节积雪资源的初步评价［J］.地理学报，43（2）：108-119.

李清清，刘桂香，都瓦拉，等.2013.乌珠穆沁草原枯草季可燃物量遥感监测［J］.中国草地学报，35（2）：64-68.

李西良，侯向阳，丁勇，等.2013.牧户尺度草畜系统的相悖特征及其耦合机制［J］.中国草地学报，35（5）：139-145.

李晓静，刘玉洁，朱小祥，等.2007.利用SSM/I数据判识我国及周边地区雪盖［J］.应用气象学报，18（1）：12-20.

李兴华，朝鲁门，刘秀荣，等.2014.内蒙古牧区雪灾的预警［J］.草业科学，31（6）：1195-1200.

李友文，刘寿东.2000.内蒙古牧区黑、白灾监测模式及等级指标的研制［J］.应用气象学报，11（4）：499-504.

梁凤娟，孟雪峰，王永清，等.2014.基于GIS的雪灾风险区划［J］.气象科技，42（2）：336-340.

梁凤娟.2011.基于GIS的巴彦淖尔市雪灾风险区划［C］//第28届中国气象学会年会.北京：中国气象学会.

梁天刚，高新华，黄晓东，等.2007.新疆北部MODIS积雪制图算法的分类精度［J］.干旱区研究，24（4）：446-452.

梁天刚，高新华，刘兴元.2004.阿勒泰地区雪灾遥感监测模型与评价方法［J］.应用生态学报，15（12）：2272-2276.

梁天刚，刘兴元，郭正刚.2006.基于3S技术的牧区雪灾评价方法［J］.草业学报，15（4）：122-128.

林建，范蕙君.2003.内蒙古雪灾监测方法研究［J］.气象，29（1）：27-31.

林金堂，冯学智，肖鹏峰，等.2011.基于MODIS数据的玛纳斯河山区雪盖时空分布分析［J］.遥感技术与应用，24（6）：469-475.

刘俊峰，陈仁升.2011.东北——内蒙古地区基于MODIS单、双卫星积雪数据及常规积雪观测结合的积雪日数研究［J］.遥感技术与应用，4：450-456.

刘俊峰，陈仁升.2011.基于 MODIS 双卫星积雪遥感数据的积雪日数空间
　　分布研究［J］.冰川冻土，3：504-511.

刘良明，徐琪，胡玥，等.2012.利用非线性 NDSI 模型进行积雪覆盖率
　　反演研究［J］.武汉大学学报（信息科学版），37（5）：534-536.

刘佩.2012.青藏高原雪灾风险评估［D］.西宁：青海师范大学.

刘闻，曹明明，宋进喜，等.2013.陕西年降水量变化特征及周期分析
　　［J］.干旱区地理，5：865-874.

刘兴元，陈全功，梁天刚，等.2006.新疆阿勒泰牧区雪灾遥感监测体系
　　构建与灾害评价系统研究［J］.应用生态学报，17（2）：215-220.

刘兴元，梁天刚，郭正刚，等.2008.北疆牧区雪灾预警与风险评估方法
　　［J］.应用生态学报，19（1）：133-138.

刘兴元，梁天刚，郭正刚.2004.雪灾对草地畜牧业影响的评价模型及方
　　法研究——以新疆阿勒泰地区为例［J］.西北植物学报，24（1）：
　　94-99.

刘艳，张璞，李杨，等.2005.基于 MODIS 数据的雪深反演——以天山北
　　坡经济带为例［J］.地理与地理信息科学，21（6）：41-44.

卢新玉，王秀琴，崔彩霞，等.2013.基于 AMSR-E 的北疆地区积雪深度
　　反演［J］.冰川冻土，35（1）：40-47.

鲁安新，冯学智，曾群柱，等.1997.西藏那曲牧区雪灾因子主成分分析
　　［J］.冰川冻土，19（2）：180-185.

鲁安新，冯学智，曾群柱.1995.我国牧区雪灾判别因子体系及分级初探
　　［J］.灾害学，10（3）：15-18.

陆智，刘志辉，房世峰.2007.MODIS 数据的积雪密度遥感监测分析
　　［J］.水土保持与应用（3）：29-30.

马虹，仇家琪，徐俊荣.1996.利用 GIS 复合 AVHRR 数据进行积雪信息
　　提取方法的研究［J］.冰川冻土，18：336-343.

明晓东，徐伟，刘宝印，等.2013.多灾种风险评估研究进展［J］.灾害
　　学，28（1）：126-132.

牛存稳，张利平，夏军.2004.华北地区降水量的小波分析［J］.干旱区
　　地理，1：66-70.

牛涛，刘洪利，宋燕，等.2005.青藏高原气候由暖干到暖湿时期的年代
　　际变化特征研究［J］.应用气象学报，6：763-771.

全川，雍世鹏，雍伟义，等.1996.温带-草原放牧场积雪灾害分级评价

的遥感分析 [J]. 内蒙古大学学报，27（4）：531-537.

萨楚拉，刘桂香，包刚，等.2012.近10年蒙古高原积雪面积时空变化研究 [J]. 内蒙古师范大学学报（自然科学汉文版），41（5）：531-536.

萨楚拉，刘桂香，包刚，等.2013.内蒙古积雪面积时空变化及其对气候响应 [J]. 干旱区资源与环境，27（2）：137-142.

施建成.2012.MODIS亚像元积雪覆盖反演算法研究 [J]. 第四纪研究，32（1）：6-15.

石英，高学杰，吴佳，等.2010.全球变暖对中国区域积雪变化影响的数值模拟 [J]. 冰川冻土，2：215-222.

史培军，陈晋.1996.RS与GIS支持下的草地雪灾监测试验研究 [J]. 地理学报，51（4）：296-304.

孙小龙，刘朋涛，李平，等.2014.近三十年来锡林郭勒草原植被NDVI指数动态分析 [J]. 中国草地学报，36（6）：23-28.

孙永猛，丁建丽，瞿娟.2013.基于NDSI-Albedo特征空间的MODIS积雪丰度信息反演方法研究 [J]. 干旱区地理，36（3）：520-527.

孙知文.2007.风云三号微波成像仪（FY-3MWRI）积雪参数反演算法研究与系统开发 [D]. 北京：北京师范大学.

唐小萍，闫小利，尼玛吉，等.2012.西藏高原近40年积雪日数变化特征分析 [J]. 地理学报，7：951-959.

王博，李小娟，胡卓玮.2014.基于GIS的内蒙古中部牧区雪灾风险评估模型研究 [J]. 安徽农业科学（4）：106-109.

王博.2011.内蒙古锡林郭勒盟牧区雪灾气象因子灰色关联分析与评估模型研究 [D]. 北京：首都师范大学.

王春学，李栋梁.2012.中国近50年积雪日数与最大积雪深度的时空变化规律 [J]. 冰川冻土，2：247-256.

王建.1999.卫星遥感积雪制图方法对比与分析 [J]. 遥感技术与应用，14（4）：29-36.

王建刚，王盛韬，庄晓翠，等.2014.新疆北部雪灾气候因子的风险分析试验——以阿勒泰为例 [J]. 气象科技，42（2）：330-335.

王江山，周咏梅，赵强，等.1998.青海省牧区雪灾预警模型研究 [J]. 灾害学，13（1）：30-33.

王世金，魏彦强，方苗.2014.青海省三江源牧区雪灾综合风险评估 [J].

草业学报, 23（2）：108-116.

王玮, 冯琦胜, 张学通, 等.2011.基于 MODIS 和 AMSR-E 资料的青海省旬合成雪被图像精度评价 [J]. 冰川冻土, 33（1）：88-100.

王玮.2014.基于遥感和 GIS 的青藏高原牧区积雪动态监测与雪灾预警研究 [D]. 兰州：兰州大学.

王希娟, 时兴合, 徐亮, 等.2000.青南高原雪灾模拟评估与服务对策 [J]. 青海科技, 7（1）：12-15.

王增艳, 车涛.2012.2002—2009 年中国干旱区积雪时空分布特征 [J]. 干旱区研究, 29（3）：464-471.

魏玉蓉, 郝璐.2001.内蒙古草原畜牧业灾害风险辨识 [J]. 内蒙古气象（1）：21-22.

魏云洁, 甄霖, Batkhishgo, 等.2009.蒙古高原生态服务消费空间差异的实证研究 [J]. 资源科学, 31（10）：1677-1684.

希爽, 张志富.2013.中国近 50 年积雪变化时空特征 [J]. 干旱气象, 31（3）：451-456.

延昊, 张佳华.2008.基于 SSM/I 被动微波数据的中国积雪深度遥感研究 [J]. 山地学报, 26（1）：59-64.

延昊.2005.利用 MODIS 和 AMSR-E 进行积雪制图的比较分析 [J]. 冰川冻土, 27（4）：515-519.

阎莉.2012.辽西北玉米干旱脆弱性评价及区划研究 [D]. 长春：东北师范大学.

杨虎, 施建成.2005.FY-3 微波成像仪地表参数反演研究 [J]. 遥感技术与应用, 20（1）：194-200.

杨延华, 李林, 陈晓光, 等.2011.青海牧区雪灾月尺度精细化直接预测方法研究 [J]. 安徽农业科学, 39（31）：19468-19470.

于惠, 张学通, 冯琪胜, 等.2010.牧区积雪光学与微波遥感研究进展 [J]. 草业科学, 27（8）：59-68.

于惠, 张学通, 王玮, 等.2011.基于 AMSR-E 数据的青海省雪深遥感监测模型及其精度评价 [J]. 干旱区研究, 28（2）：255-261.

余忠水, 刘雪松, 拉巴.2006.藏北雪灾主要环流特征及其等级划分与评估标准 [J]. 西藏科技（2）：32-35.

曾群柱, 雍世鹏, 顾钟炜.1993.中国雪灾的分类分级和危险度评价方法的研究 [M]. 北京：中国科学技术出版社.

曾群柱.1990.黄河上游卫星雪盖监测与融雪径流研究总结［M］.北京：科学出版社.

张国胜，伏洋，颜亮东，等.2009.三江源地区雪灾风险预警指标体系及风险管理研究［J］.草业科学，26（5）：144-150.

张娟，冯蜀青，徐维新.2006.MODIS 数据在青海省积雪监测中的应用［J］.青海气象，（1）：55-57.

张涛涛，延军平，廖光明.2014.近 51 年青藏高原雪灾时空分布特征［J］.水土保持通报，34（1）：242-245.

张显峰，包慧漪，等.2014.基于微波遥感数据的雪情参数反演方法［J］.山地学报，32（3）：307-313.

张学通，黄晓东，梁天刚，等.2008.新疆北部地区 MODIS 积雪遥感数据 MOD10A1 的精度分析，草业学报，17（1）：110-117.

张学通.2010.青海省积雪监测与青南牧区雪灾预警研究［D］.兰州：兰州大学.

张颖，黄晓东，王玮，等.2013.MODIS 逐日积雪覆盖率产品验证及算法重建［J］.干旱区研究，30（5）：808-814.

赵春雨，严晓瑜，李栋梁，等.2010.1961—2007 年辽宁省积雪变化特征及其与温度、降水的关系［J］.冰川冻土，32（3）：461-468.

赵广举，穆兴民，田鹏，等.2012.近 60 年黄河中游水沙变化趋势及其影响因素分析［J］.资源科学，6：1070-1078.

甄霖，刘纪远，刘雪林，等.2008.蒙古高原农牧业系统格局变化与影响因素分析［J］.干旱区资源与环境，22（1）：144-151.

中国气象局.2007.地面气象观测规范［M］.北京：气象出版社.

中国气象局气候服务与气候司.1998.牧区雪灾的分析研究［M］.北京：气象出版社.

中华人民共和国国家质量监督检验检疫总局，中华人民共和国标准化管理委员会.2006.GB/T 20482—2006 牧区雪灾等级［S］.北京：中国标准出版社.

中华人民共和国国家质量监督检验检疫总局，中华人民共和国标准化管理委员会.2013.GB/T 28921—2012 自然灾害分类与代码［S］.北京：中国标准出版社.

仲桂新，宋开山，王宗明，等.2010.东北地区 MODIS 和 AMSR-E 积雪产品验证及对比［J］.冰川冻土，32（6）：1262-1268.

周秉荣，李凤霞，颜亮东，等.2006.青海高原雪灾模糊评估模型研究［C］//中国气象学会2006年年会论文集.成都：中国气象学会.

周秉荣，申双和，李凤霞.2006.青海高原牧区雪灾逐级判识模型［J］.中国农业气象，27（3）：210-214.

周陆生，李海红，王青春.2000.青藏高原东部牧区一暴雪过程及雪灾分布的基本特征［J］.高原气象，19（4）：450-455.

周陆生，汪青春，李海红，等.2001.青藏高原东部牧区——大暴雪过程雪灾灾情实时预评估方法的研究［J］.自然灾害学报，10（2）：58-65.

周强，王世新，周艺，等.2009.MODIS亚像元积雪覆盖率提取方法［J］.中国科学院研究生院学报，26（3）：383-388.

周咏梅，贾生海，刘萍.2001.利用NOAA-AVHRR资料估算积雪参数［J］.气象科学，21（1）：117-121.

Armstrong R L, Brodzik M J.2002.Hemispheric-scale comparison and evaluation of passive microwave Snow algorithms［J］. Annals of Glaciology, 34: 38-44.

Ault T W, Czajkowski K P, Benko T, et al.2006.Validation of the MODIS snow product and cloud mask using student and NWS cooperative station observations in the Lower Great Lakes Region［J］. Remote Sensing of Environment, 105: 341-353.

Barton J S, Hall D K, Riggs G A.2000.Remote sensing of fractional snow cover using moderate resolution imaging spectroradiometer-MODIS data［J］. The 57th eastern snow conference, Syracuse.

Biancamaria S, Mognard N M, Boone Aaron, et al.2008.A satellite snow depth multi-year average derived from SSM/I for the high latitude regions［J］. Remote Sensing of Environment, 112 (5): 2557-2565.

Brogioni M, Macelloni G, Palchetti E, et al.2008.Monitoring snow characteristics with ground-based multifrequency microwave radiometry. IEEE Trans Geosci Remote Sensing, 47: 3643-3655.

Chang A T C, Foster JL, Hall D K.1987.Nimbus-7 SMMR Derived Global Snow Cover Parameters［J］. Annals of Glaciology, 9: 39-44.

Chang A T C, Gloersen P, Schmugge T J, et al.1976.Microwave emission from snow and glacier ice［J］. J Glaciol, 16: 23-29.

Chang A T C, Grody N, Tsang L, et al.1997.Algorithm theoretical basis document (ATBD) for AMSR-E snow water equivalent algorithm. NASA/GSFC.

Che T, Li X, Jin R, et al.2008.Snow depth derived from passive microwave remote-sensing data in China [J]. Annals of Glaciology, 49 ( 1 ): 145–154.

Dai, Liyun, Che Tao, Wang Jian, et al.2012.Snow depth and snow water equivalent estimation from AMSR-E data based on a priori snow characteristics in Xinjiang, China [J]. Remote Sensing of Environment, 127: 14–29.

Derksen C, Walker A E, Le Drew E, et al. 2002. Time-series analysis of Passive-microwave-derived central North American snow water equivalent imagery [J]. Annals of Glaciology, 34: 1–7.

Derksen C, Walker A, Goodison B. 2005. Evaluation of passive microwave snow water equivalent retrievals across the boreal forest/tundra of western Canada [J]. Remote Sens Environ, 96: 315–327.

Derksen C.2008.The contribution of AMSR-E 18.7 and 10.7 GHz measurements to improved boreal forest snow water equivalent retrievals [J]. Remote Sensing of Environment, 112 (5): 2701–2710.

Dobreva I D, Klein A G. 2011. Fractional snow cover mapping through artificial neural network analysis of MODIS surface reflectance [J]. Remote Sensing of Environment, 115: 3355–3366.

Dozier J, Painter T H.2004.Multispectral and hyper spectral remote sensing of alpine snow properties [J]. Annual Reviews Earth and Planetary Seiences, 32: 465–494.

Fily M, Dedieu J P, Durand Y.1999.Comparison between the results of a snow metamorphism model and remote sensing derived snow Parameters in the Alps [J]. Remote Sensing of Environment, 68: 254–263.

Foster J L, Chang A T C, Hall D K.1997.Comparison of Snow Mass Estimates from a Prototype Passive Microwave Snow Algorithm, A Revised Algorithm and a Snow Depth Climatology [J]. Remote Sensing of Environment, 62: 132–142.

Foster J L, Hall D K, Chang A T C, et al.1984.An overview of passive microwave snow research and results [J]. Rev Geophys, 22: 195-208.

Gao Y, Xie H, Yao T.2011.Developing snow cover parameters maps from MODIS, AMSR-E, and blended snow products [J]. Photogrammetric Engineering and Remote Sensing, 77 (4): 351-361.

Gao Yang, Xie HongJie, Lu Ning.2010a.Toward advanced daily cloud-free snow cover and snow water equivalent products from Terra-Aqua MODIS and Aqua AMSR-E measurements [J]. Journal of Hydrology, 385: 23-35.

Gao Yang, Xie HongJie, Yao TanDong.2010b.Integrated assessment on multi-temporal and multi-sensor combinations for reducing cloud obscuration of MODIS snow cover products of the Pacific Northwest USA [J]. Remote Sensing of Environment, 114: 1662-1675.

Goodison B, Walker A.1994.Canadian development and use of snow cover information from passive microwave satellite data.In: Choudhury B, Kerr Y, Njoku E, et al, eds.Passive Microwave Remote Sensing of Land-Atmosphere Interactions.Utrecht: VSP BV: 245-262.

Grippa M, Mognard N, Le Toana T, et al.2004.Siberia snow depth climatology derived from SSM/I data using a combined dynamic and static algorithm [J]. Remote Sensing of Environment, 93 (1-2): 30-41.

Hall D K, Riggs G A, Foster J L, et al.2010.Development and evaluation of a cloud-gap-filled MODIS daily snow-cover product [J]. Remote Sensing of Environment, 114: 496-503.

Hall D K, Riggs G A, Salomonson V V, et al.2002.MODIS snow cover product [J]. Remote Sensing of Environment, 83: 181-194.

Hall D K, Riggs G A, Salomonson V V.1995.Development of methods for mapping global snow cover using moderate resolution imaging spectroradiometer data [J]. Remote Sensing of Environment, 54: 127-140.

Hall D K, Riggs G A.2007.Accuracy assessment of the MODIS snow cover products [J]. Hydrological Processes, 21: 1534-1547.

Hallikainen M T, Jolma P.1992.Comparison of algorithms for retrieval of snow water equivalent from Nimbus-7 SMMR data in Finland [J]. *IEEE Trans Geosci Remote Sensing*, 30: 124-131.

Hartman R K, Rost A A, Anderson D M.1995.Operational processing of multi-source snow data [A]. In: Proceedings of the 63$^{rd}$ Annual Western Snow Conference [C]. Sparks, Nevada: 147-151.

Hofer R, Mätzler C.1980. Investigation of snow parameters by radiometry in the 3-to 60-mm wavelength region. J Geophys Res, 85: 453-460.

IPCC.2007.Climate Change 2007: The Physical Science Basis [R]. Contribution of Working Group I to the Fourth Assessment Report of the Intergovernmental Panel on Climate Change. Cambridge, UK and New York, USA: Cambridge University Press.

Jiang L, Shi J, Tjuatja S, et al.2007. A parameterized multiple-scattering model for microwave emission from dry snow. Remote Sens Environ, 111: 357-366.

John R, Chen J, Ou-Yang Z T, et al.2013. Vegetation response to extreme climate events on the Mongolian Plateau from 2000 to 2010 [J]. Environmental Research Letters, 8 (3): 35-33.

Kanfman Y J, Kleidman R G, Martins J V.2002. Remote sensing of sub-pixel snow cover using 0.66 and 2.1μm channel [J]. Geophysical Research Letters, 29 (16): 96-97.

Kruopis N, Praks J, Arslan A N, et al.1999. Passive microwave measurements of snow-covered forest areas in EMAC' 95. IEEE Trans Geosci Remote Sensing, 37: 2699-2705.

Kurvonen L, Hallikainen M T. 1997. Influence of land-cover category on brightness temperature of snow. IEEE Trans Geosci Remote Sensing, 35: 367-377.

Liang T G, Huang X D, Wu C X, et al.2008a. An application of MODIS data to snow cover monitoring in a pastoral area: A case study in Northern Xinjiang, China [J]. Remote Sensing of Environment, 112: 1514-1526.

Liang T G, Zhang X T, Xie H J, et al.2008b. Toward improved daily snow cover mapping with advanced combination of MODIS and AMSR-E measurements [J]. Remote Sensing of Environment, 112: 3750-3761.

LIU Fenggui, MAO Xufeng, ZHANG Yili, et al.2014. Risk analysis of snow disaster in the pastoral areas of the Qinghai-Tibet Plateau [J]. Journal of Geographical Sciences, 24 (3): 411-426.

Matzler C.1987. Applications of the interaction of microwaves with the natural snow cover.Remote Sens Rev, 2: 259-391.

Members of the MODIS Characterization Support Team.2003.MODIS Level 1B Product User s Guide for Level 1B Version 4.3.0 (Terra) and Version 4.3.1 (Aqua) [R]. Greenbelt: NASA/Goddard Space Flight Center: 1-60.

Metsamaki S, Vepsalainen J, pulliainen J, et al.2002.ImProved linear interpolation method for the estimation of snow-covered area from optical data [J]. Remote Sensing of Environment, 82 (1): 64-78.

Mognard N M, Josberger E G.2002.Northern Great Plains 1996/97 seasonal evolution of snowpack Parameters from satellite Passive-microwave measurements [J]. Annals of Glaciology, 34: 15-23.

Nakai S, Sato T, Sato A, et al.2012.A Snow Disaster Forecasting System (SDFS) constructed from field observations and laboratory experiments [J]. Cold Regions Science and Technology, 70: 53-61.

Painter T H, Dozier J, Roberts D A. 2003. Retrieval of subpixel snow-covered area and grain size from imaging spectrometer data [J]. Remote Sensing of Environment, 85 (1): 64-77.

Parajka J, Bloschl G.2008.Spatio-temporal combination of MODIS images potential for snow cover mapping [J]. Water Resources Research: 44.

Paudel K P, Andersen P.2011.Monitoring snow cover variability in an agro-pastoral area in the Trans Himalayan region of Nepal using MODIS data with improved cloud removal methodology [J]. Remote Sensing of Environment, 115: 1234-1246.

Pulliainen J T, Grandell J, Hallikainen M T. 1999. HUT snow emission model and its applicability to snow water equivalent retrieval.IEEE Trans Geosci Remote Sensing, 37: 13782-13900.

Pulliainen J.2006.MapPing of snow water equivalent and snow depth in boreal and sub-arctic zones by assimilating space-bone microwave radiometer data and ground-based observations [J].Remote Sensing of Environment, 101: 257-269.

Rango A, Martine J, Chang A T C, et al.1989.Average areal water equivalent of snow in a mountain basin using microwave and visible satellite data [J].IEEE Trans Geosci Remote Sensing, 27: 740-745.

Riggs G, Hall D.2002. Reduction of cloud obscuration in the MODIS snow data product ［C］Stowe.Proceeding of the 59th Eastern Snow Conference. USA：Vermont：205-212.

Rosenthal，Walter，Dozier，et al.1996.Automated mapping of montane snow cover at sub-pixel resolution from the Landsat Thematic Mapper ［J］. Water Resources Research，32（1）：115-130.

Rott H，Sturm K.1991.Microwave signature measurements of Antarctic and Alpine snow ［J］.In：11th EARSeL Symposium，Graz，Austria：140-151.

Rutger Dankers，Steven M，De Jong.2004.Monitoring snowcover dynamics in Northern Fennoscandia with SPOT VEGETATION images ［J］. International Journal of Remote Sensing，25（15）：2933-2949.

Salomonson V，Appel I.2004 Estimating fractional snow cover from MODIS using the normalized difference snow index ［J］. Remote Sensing of Environment，89（3）：351-360.

Simpson JJ，Stitt JR，Sienko M.1998.Improved estimates of the area extent of snow cover from AVHRR data ［J］. Hydrology，204：1-23.

Singh P R，Gan T Y.2000.Retrieval of snow water equivalent using passive microwave brightness temperature data ［J］. Remote Sens Environ，74：275-286.

Stankov B，Cline D，Weber B，et al.2008.High-resolution airborne polarimetric microwave imaging of snow cover during the NASA cold land processes experiment ［J］.IEEE Trans Geosci Remote Sensing，46：3672-3693.

Stanley Q Kidder，Huey-Tzu Wu.1987.A multispectral study of the St.Louis area under snow-covered conditions using NOAA-7 AVHRR data ［J］. Remote Sensing of Environment，22（2）：159-172.

SUN Zhi wen，SHI Jian cheng，JIANG ling-mei，et al.2006.DeveloPment of Snow Depth and Snow water Equivalent Algorithm in western China Using Passive Microwave Remote Sensing Data ［J］. Advances in Earth Seienee，21（12）：1363-1368.

Tachiiri K，Shinoda M，Klinkenberg B，et al.2008. Assessing Mongolian snow disaster risk using livestock and satellite data ［J］. Journal of Arid Environments，72（12）：2251-2263.

Tait A.1998.Estimation of Snow Water Equivalent Using Passive Microwave Radiation Data ［J］. Remote Sensing of Environment，64：286-291.

Tominaga Y, Mochida A, Okaze T, et al.2011.Development of a system for predicting snow distribution in built-up environments: Combining a mesoscale meteorological model and a CFD model [J]. Journal of Wind Engineering and Industrial Aerodynamics, 99 (4): 460-468.

Tong Jinjun, Velicogna I.2010.A comparison of AMSR-E/Aqua snow products with in situ observations and MODIS snow cover products in the Mackenzie River Basin, Canada [J]. *Remote Sensing*, 2 (10): 2313-2322.

Tsang L.1992.Dense media radiative transfer theory for dense discrete random media with particles of multiple sizes and permittivities [J].ProgElectromag Res, 5: 181-225.

Ulaby F T, Moore R K, Fung A.1981. Microwave remote sensing.MA: Addison-Wesley-Longman.

Wang X, Xie H, Liang T, et al.2009.Comparison and validation of MODIS standard and new combination of Terra and Aqua snow cover products in Northern Xinjiang, China [J]. Hydrological Processes, 23 (3): 419-429.

Wang X, Xie H, Liang T.2008.Evaluation of MODIS snow cover and cloud mask and its application in northern Xinjiang, China [J]. Remote Sensing of Environment, 112 (4): 1497-1513.

Wiesmann A, Matzler C, Weise T.1998.Radiometric and structural measurements of snow samples.Radio Sci, 33: 273-289.

Xiao X, Moore III B, Qin X, et al.2002.Large-scale observation of alpine snow and ice cover in Asia: Using multi-temporal VEGETATION sensor dada [J]. International Journal of Remote Sensing, 23 (11): 2213-2228.

Xiao X, Shen Z, Qin X. 2001. Assessing the potential of VEGETATION sensor data for mapping snow and ice cover: a Normalized Difference Snow and Ice Index [J]. International Journal of Remote Sensing, 22 (13): 2479-2487.

Xiao X, Zhang Q, Boles S, et al.2004. Mapping snow cover in the pan-Arctic zone, using multi-year (1998-2001) images from optical VEGETATION sensor [J]. International Journal of Remote Sensing, 25 (24): 5731-5744.

Xie H, Wang X, Liang T.2009.Development and assessment of combined

Terra and Aqua snow cover products in Colorado Plateau, USA and north-ern Xinjiang, China [J]. Journal of Applied Remote Sensing: 3.

Yang Gao, Ning Lu, Tandong Yao. 2011. Evaluation of a cloud-gap-filled MODIS daily snow cover product over the Pacific Northwest USA [J]. Journal of Hydrology, 404: 157-165.